KB130278

*

한 문장 육아의 기적

한 그루의 나무가 모여 푸른 숲을 이루듯이
청림의 책들은 삶을 풍요롭게 합니다.

상황의 함정에 빠지지 않는 육아 소통법 47

"한 문장 육아의 기적"

이유정 지음

프롤로그

어쩌면 우리는 부드러운 말을 많이 듣고 자란 세대는 아닐지 모른다. 우리의 위 세대는 아이들에게 무언가를 충분히 설명하는 것보다는 단호히 명령하는 게 자연스러웠다. 말하지 않아도 통하는 것이 사랑이라 생각하던 시대였다. 어떤 육아 프로그램에서 울면서 고집을 피우는 아이를 기다려주는 훈육 장면이 나오자 함께 TV를 보던 아빠가 이런 말씀을 하실 정도다. "우리 때는 등짝 한 대 맞으면 끝나는 거였는데 허허… 설명? 그런 게 어디 있어." 맞다. 분명 그랬었다.

위 세대가 지금의 세대보다 자녀를 덜 사랑한 것은 아니다. 그들 또한 그들의 부모로부터 받은 것을 바탕으로 안 좋은 것은 빼고 좋은 것은 더하고자 노력하며 자녀를 키웠을 것이다. 예전부터 지금까지 부모들은 더 나아지기 위한 방향으로 가고 있다. 나는 부모들이 아이에게 더 좋은 것을 주기 위해 힘쓰고자 한다면, 그 여정을 열렬히 응원하며 돕고 싶다. 그런 노력들이 모여서 더 나은 세대를 만들어가는 것이 아니겠는가?

주어진 환경을 당장 바꾸기는 힘들기에 우리가 할 수 있는 가장 유용한 노력은 평소에 우리가 많이 하는 말을 더 좋은 표현으로 바꾸는 것이다. 그리고 이왕이면 아주 좋은 표현으로 선택하는 것이다. 긍정적인 힘을 담은 표현들은 아이에게 곧바로 닿아 내면이 건강한 아이, 스스로 좋은 것을 선택할 줄 아는 아이로 이끌어줄 것이다.

이 책을 쓰면서 이론적인 설명은 최대한 덜어내고, 곧바로 육아에 사용할 수 있는 문장을 수록하려고 신경 썼다. 각자의 상황과 배경이 다르지만, 많은 양육자가 수록된 표현들을 그대로 또는 상황에 맞게 변형하여 자주 활용할 수 있다면 좋겠다. 언어는 힘이 세다. 말이 바뀌면 분위기가 바뀌고 생각의 방향이 바뀐다. 그럼 기분은 물론 마음가짐과 행동까지 달라진다. 부모가 아이에게 자주 하는 말은 그대로 아이에게 흡수되며, 아이라는 나무가 얼마나 건강하고 내실 있게 자랄지 큰 영향을 미친다.

그동안 수많은 특강과 상담을 진행하면서 느낀 것은 양육자에게 많은 지식이 필요하지는 않다는 점이다. 지식보다 중요한 건 작은 행동이라도 실생활에 옮기는 실행력이다. 그 실행력을 가진 양육자가 훨씬 큰 변화를 만들어낸다. 정말 많은 양육자가 한 문장씩 표현을 바꿔보는 과정을 통해 이전보다 훨씬 더 나은 상황을 만들었다. 육아가 수월해지는 것은 물론 위태롭던 관계가 개선된 가정도 있다. 아이를 향해 늘 한숨 섞인 목소리를 내던 양육자가 아이와 신나게 하이파이브를 하는 모습으로 바뀌었다. 작은 실천이 불러온 기적이다.

책 뒤편에는 3~7세 아이를 육아하며 많이 사용하는 표현들을 정리해 두었다. 편리하게 찾아 필요한 상황에서 바로 사용했으면 하는 마음에 수록했으니 자주 보고 자주 말하자. 말하면 변한다. 직접 해보면 정말 달라진다. 한 문장의 변화로 만드는 육아의 기적을 더 많은 가정에서 경험하면 좋겠다.

나 역시 지금도 노력한다. 완벽한 육아를 원하는 것이 아니라, 그저 아이에게 좋은 영향을 주고 싶을 뿐이다. 그게 사랑이라고 생각한다. 그저 머릿속에 생각으로만 두지 않고 상대를 위해 진짜로 행하는 것 말이다. 나는 그렇게 아이에게 끊임없이 사랑을 표현하고 있다. 어느 날 우리가 함께해 온 작은 실천들과 그로 인한 변화들을 기쁜 마음으로 나눈다면 좋겠다. 이 시대에 육아 중인 우리 모두를 진심으로 응원한다.

2024년 3월

이유정

차례

Chapter 5 더 고민해 볼만한 6가지 이야기

Chapter 1

습관적으로 사용하는 10가지 부정 표현

안 돼, 하지 마

"안 돼. 위험해!"

"지금은 아니야. 기다려."

"씁! 내려놔. 안 된다고 했지!"

우리는 육아를 하면서 이런 표현들을 하루에 몇 번쯤 사용하고 있을까? 모든 변화의 시작은 인지에 있다. 내가 어떤 표현을 사용하는지, 그것이 좋은 표현인지 나쁜 표현인지 인지하는 것이 중요하다. 말처럼 쉬운 일은 아니지만, 그다음 단계로 넘어가기 위해 꼭 필요한 과정이다.

아이가 아슬아슬하게 테이블 위의 물컵에 손을 뻗는 모습을 상상해 보자. 까치발을 한 아이가 힘껏 팔을 뻗는데 그 모습이 불안하기 짝이 없다. 금방이라도 컵을 건드려 물이 철철 쏟아질 것만 같다.

"안 돼!"

컵이 떨어질까 봐, 아이가 다칠까 봐, 뒤처리가 복잡해지니까, 컵은 원래 거기가 제자리니까… . 우리에겐 아이를 제지해야 할 수많은 이유가 있다. 하지만 아이에게도 손을 뻗게 된 이유가 있다.

'나도 잡아보고 싶다… .'

늘 무언가 필요할 때마다 거침없이 걸어가 높은 곳에 있는 물건을 척척 잡아내는 엄마, 아빠를 보며 아이는 생각했을 것이다.

'나도 저렇게 해봐야지.'

그리고 드디어 그곳에 손이 닿을 것만 같은 순간이 온 것이다. 목표물을 정하고 비장하게 걸어가 최선을 다해 손을 쭉 뻗는 아이는 뿌듯함을 느낀다. 하지만 그 순간 부모가 느끼는 감정은 다르다.

'장난감이 여기 이렇게 많은데 왜 굳이 그걸 꺼내는 거야. 뒤처리는 다 내 몫이잖아. 저러다 다치기라도 하면?'

귀찮음과 걱정이 뒤섞인 가운데 "안 돼, 하지 마!" 하고 빛보다 빠르게 튀어나간다. 그런 말로 우리는 아이의 시도를 막아버린다. 무의식적으로 나오는 부정적 표현을 '인지'하고, 다른 표현은 없을지 '고민'한다면 이미 절반은 성공이다. 여기 얼마든지 더 좋은 표현과 방법이 있다.

(안 된다고 말하기 전에)

무작정 "안 돼!"를 말하기에 앞서 먼저 아래 2가지를 생각해 보자.

1. 정말 안 되는 일인가?
2. 구체적으로 무엇이 안 되는 일인가?

아이가 높은 곳에 있는 물건을 혼자서 꺼내면 정말 안 되는 걸까? 양육자의 양육 방식에 따라 다른 답이 나올 수 있다. 만약 정말로 안 된다고 생각한다면 다음 질문으로 넘어간다. 구체적으로 '무엇이' 안 되는가 말이다. 이 상황에서 안 되는 것은 무엇인지 생각해 본다. 높은 곳에 있는 물건을 꺼내려는 노력이 안 되는 것일까? 장난감이 아닌 다른 것에 관심을 두면 안 되는 것일까? 양육자 대부분은 컵이 떨어져서 아이가 다칠 수 있기에 안 된다고 생각할 것이다. 그렇다면 이렇게 표현하는 건 어떨까?

(일시 정지의 말)

반사적으로 "안 돼!"라고 말하기 전에 먼저 감탄사를 말해보자. "아~" "오~" "어머" 등의 감탄사는 아이의 행동을 잠깐 정지시키는 효과가 있다. 아이는 눈이 휘둥그레져 하던 것을 멈추고 부모를 쳐다볼 것이다.

아이는 감탄사를 긍정적인 사인으로 받아들여 '엄마, 아빠가 나의 행동을 긍정적으로 바라봐 주고 있구나' 하고 생각하게 되는데, 이때 아이는 부모의 감시가 아닌 지지를 느낀다. 감탄사는 양육자에게도 생각할 시간을 벌어준다. 아이의 작은 시도를 미간에 잔뜩 힘주고 단호한 말투로 막으려던 건 아닌지 자신의 모습을 한 발 떨어져 바라볼 수 있다.

무엇보다 감탄사로 말을 시작하면 그 뒤에 올 표현도 긍정적인 쪽으로 바꾸기가 훨씬 쉽다. 뇌 과학적으로 우리의 뇌가 그렇게 움직이기 때문이다. 부정적인 표현이 반사적이고 방어적인 반응을 끌어내는 뇌의 길을 활성화하는 반면, 감탄사는 긍정적인 생각을 끌어내는 뇌의 영역을 활성화시킨다.

(아이의 행동을 인정해 주는 말)

감탄사를 사용하여 아이의 행동을 일시 정지 했다면 다음은 인정이다.

"아~ 그걸 혼자 잡아보려고 하는 거야? 대단한데!"
(감탄사) (인정)

"오~ 거기까지 손을 뻗을 수 있는 거야? 멋진데!"
(감탄사) (인정)

인정해 준다는 것이 모호하고 어렵게 느껴질 수도 있다. 쉬운 방법

중 하나는 아이가 지금 하고 있는 행동을 그대로 말해주는 것이다. 이때 다음과 같은 표현은 주의해야 한다.

"왜 또, 뭘 쏟으려고 그래~"

"아~ 하지 마. 너 혼자 못 하는 거야."

이런 표현은 아이의 행동을 그대로 읽어주는 것과는 거리가 멀다. 아이에게는 물을 쏟을 계획도, 물건을 망가트릴 계획도 없다. 아이는 당당히 다가가 손을 쭉 뻗어 온통 멋지게 그 물건을 잡아낼 상상만 할 뿐, 집안을 엉망으로 만들 생각은 없는 것이다. 그러므로 습관처럼 이런 표현을 쓰고 있지는 않은지 살펴보자.

(도움을 주는 말)

아이를 인정해 주었다면 그 다음에 우리가 해야 할 일은 도움을 주는 것이다. 아이의 행동을 부정적인 표현으로 막는 것이 아니라, 우려하는 일은 일어나지 않도록 도와주면서 아이가 작은 성취를 맛볼 수 있도록 이끌어주자.

"깨질 수도 있으니까 우리 같이 꺼내 볼까?"

"오~ 천천히~ 조심하면 좋겠다. 그렇지!"

이렇게 말해준다면 아이는 부모의 지지와 함께 목적을 달성해 낸 뿌듯함을 느낀다. 아이가 성공을 맛보며 배움을 이어갈 수 있게 돕는 것은 아주 중요하다. 우리는 각자 자신에게 익숙한 방법을 주로 사용하기 때문이다. 성공이 익숙한 아이는 또 다른 성공을 만들어가고, 통제에 익숙한 아이는 점점 통제 속에 머물게 된다. 아이의 행동이 인정과 성공으로 연결될 수 있도록 이끌어주는 것이 양육자의 중요한 역할이다.

(오해 금지)

하지만 아이의 행동을 인정해 주라는 말이 아이의 모든 행동을 긍정하라는 의미는 아니다. 다음과 같은 순간에는 아이를 확실히 제지할 수 있어야 한다.

첫째, 위험한 상황, 또는 아이를 막아야 하는 상황이라면 누구보다 빠르고 단호하게 "안 돼!"라고 외치며 아이를 보호하는 것이 당연하다.

둘째, 안 된다고 말해야 하는 일이라면 단호하게 말해야 한다. 아이가 친구와 장난치다가 너무 센 힘으로 친구를 밀쳤을 때 "아~ 친구랑 장난하느라 그렇구나, 좀 더 살살 밀어보면 어때?" 하고 이야기해야 하는 것은 아니다. 이때는 "안 돼, 친구를 세게 밀면 안 되는 거야" 하고 아이에게 정확하게 알려줘야 한다. 구체적으로 '어떤 것이 안 되는 일인지'를 말로 설명해 줘야 한다. 부정어의 사용 빈도를 줄이고 아이가 많은 시도를 할 수 있도록 이끌어주라는 것은 무엇이든 다 들어주고 오냐오냐하라는 뜻이 결코 아니다.

셋째, 양육자가 너무 힘든데 아이의 행동을 다 받아줄 필요는 없다. 아이가 책장의 책을 다 꺼낼 때, 그 행동이 사회적으로나 규범적으로 반드시 안 되는 일은 아니지만 양육자가 너무 힘들어지는 일이라면 멈추게 해도 괜찮다. 양육자가 너무 힘든데도 아이한테 부정적인 의도가 있었던 건 아니라고 이해하며 이를 악물고 받아주려 하다가는 결국 폭발하게 된다. 이럴 때는 다음과 같이 말해주면 좋다.

"아~ 그걸 꺼내고 싶구나.

(감탄사) (인정)

그런데 그럼 엄마, 아빠가 너무 힘들어져서 안 되겠어.

보고 싶은 책 딱 다섯 개만 꺼내서 보자?"

(도움 주기)

양육자가 힘들면 행복한 육아는 더 멀어진다. 아이를 위해 양육자가 매번 고된 일상을 감수해야 하는 것은 아니다. 육아는 어디까지나 양육자와 아이가 함께 행복해지는 길을 찾아가는 일이기 때문이다.

표현 정리하기

감탄사로 시작하기 ▶ 인정하기 ▶ 도움 주기

- 부정어 대신 감탄사로 말을 시작하기

오~, 아~, 어머~

- 지금 하는 행동을 말해주며 인정하기

그렇게 하려고 손을 뻗었구나.

- 작은 성취를 이룰 수 있도록 도움 주기

여기 올라가면 더 잘 꺼낼 수 있겠다.

* 나는 얼마나 자주 부정 표현을 사용하고 있는가? 변화를 위해 내가 자주 사용하는 표현을 인지하자.
* 부정어의 사용 빈도를 줄이기 위해 적어도 내가 자주 사용할 감탄사 하나를 정하는 것도 좋다. 크게 적어 잘 보이는 곳에 붙여둔다면 일상에서 유용하게 활용할 수 있다.

기다려, 나중에

"지금 설거지하잖아. 기다려!"

"나중에, 지금 아니야 내려놔."

"오늘은 그만, 이제 정리해."

"기다리라고 했지. 몇 번을 말하니!"

위의 문장들을 읽을 때 우리의 표정과 말투가 어떻게 되는지 살펴보자. 나도 모르게 미간이 찌푸려지지는 않는가? 마치 강아지를 훈련하는 장면이 떠오르기도 한다. 동일한 말을 반복하는 것은 훈련이지 육아가 아니다. 육아는 우리 집에 축복처럼 나타난 아이와 인격 대 인격으로 서로 합을 맞춰가는 과정이다. 만약 그동안 단순한 명령어로 아이를 통제했다면 이제는 방법을 바꿔야 한다. 기다리라는 말 앞뒤에 꼭 함께 사용해야 하는 표현들이 있다.

(간단하게 상황을 설명해 주기)

기다리라는 말보다 앞서야 하는 것은 바로 간단한 상황 설명이다. '지금 아이가 왜 기다려야 하는가'를 말해주자.

> "10분이면 설거지를 끝낼 수 있을 것 같아. 기다려줄래? 다 하고 같이 놀자."
> "앗, 이건 중요한 전화야. 조금만 기다려줘."
> "○○(이)가 나가고 싶구나. 그런데 엄마는 아직 밥을 다 안 먹었어. 기다려줘야 할 것 같아."

만약 아직 아이가 너무 어리다면 이런 설명만으로는 충분히 이해하지 못할 수 있다. 어린아이가 잘 기다릴 수 있도록 다른 대안을 함께 주는 것이 좋다.

> "10분이면 설거지가 끝날 것 같아. 자동차 퍼즐을 맞추고 있으면 어때? 설거지 끝나고 보러 갈게." (대안)
> "엄마는 밥을 다 안 먹었거든. 색칠놀이 두 장만 하고 있을까?" (대안)

이런 식으로 아이가 기다리는 동안 할 일을 부여해 준다. 아이가 기다림이라는 작은 과제를 달성할 수 있도록 양육자가 슬쩍 길을 내주는 것이다. 사실 일상에서 아이가 부모를 기다려야 하는 순간은 많다. 하지만 아이가 참을성 있게 기다리는 것은 당연한 일이 아니다. 식사를 마친 뒤 설거지를 바로 하고 싶은 부모와 지금 당장 같이 놀고 싶은 아이, 과연 누가 맞고 틀리다고 할 수 있을까? 아직 아이는 기다림을 배워나갈 시간이 필요하다. 명령어를 반복하며 아이를 훈련시키는 것이 아니라, 아이가 스스로 깨달을 수 있도록 도와주자. 간단한 상황을 설명해 주다 보면 아이는 삶에서 배려, 기다림이 필요하다는 것을 자연스럽게 인지하게 될 것이다.

(고마움을 표현하기)

누군가 나를 기다려줬다면 그에 대한 고마움을 표현하는 것은 너무나 당연한 일이다. 이 당연한 일을 아이에게도 하고 있는가?

> "기다려줘서 고마워."
> "와~ 엄마를 잘 기다려줬네? 덕분에 빨리 끝낼 수 있었어. 기다려줘서 고마워."
> "○○(이)가 이렇게 잘 기다려줘서 엄마, 아빠가 밥을 잘 먹을 수 있었어. 고마워. 같이 하기로 한 놀이 이제 하자."

부모가 이렇게 말해주면 아이는 생각한다.

'기다렸더니 이런 인정을 받네?'

바로 이때 아이에게 긍정 강화가 일어난다. 잘 기다리는 것이 좋은 행동이라는 것을 경험을 통해 깊게 학습하는 것이다. 그러니 긍정 강화를 통해 아이가 스스로 좋은 선택을 하는 힘을 길러주자. 아이를 인격적으로 대한다는 것은 아이가 아직 어리다고 해서 지시하는 것이 아니라 충분한 설명을 해주는 것이다. 그리고 아이가 좋은 행동을 선택했다면 고마움 또한 분명하게 표현해 주는 것이다.

그런 표현이 반복되면 아이가 양육자의 말을 듣기로 선택할 확률이 올라간다. 잠시 기다렸을 뿐인데 고맙다는 말을 듣게 되니 말이다. 무서운 말투와 분위기 때문에 말을 듣는 것이 아니라 자신이 기꺼이 선택한다. 양육자의 강압적인 말에 휘둘리는 것과 아이가 직접 선택하는 것은 엄청난 차이이다.

(다양한 상황에 응용하기)

꼭 기다리라는 말이 아니더라도 명령처럼 표현되는 다른 말에도 적용해 볼 수 있다. 아이가 아직 더 놀고 싶은데도 양치하자는 양육자의 말에 장난감을 내려놓고 화장실로 왔다면 "멋지게 와줘서 고마워"라고 말해줄 수 있다. 또 더 먹고 싶은 초콜릿을 아이가 내려놓았다면 "딱 먹을 만큼만 먹는 거 진짜 멋지다"라고 인정해 줄 수 있다. 부모의 표현을 통해 아이는 자신이 한 행동 중에 어떤 것이 올바른 행동인지 스스로 생각하고 학습할 수 있다. 아이가 당장 놀고 싶은데도 잘 기다려줬을 때, 과자를 계속 먹고 싶은 욕구를 절제했을 때, 약속 시간을 잘 지켰을 때 등 다양한 상황에서 아이의 행동을 구체적으로 인정하고 고마움을 표현하자. 이상적인 양육자와 아이의 관계는 명령하고 따르는 관계가 아니라, 존중을 바탕으로 생각을 나누고 합의하는 관계이다.

존중받은 아이가 자신을 지킬 줄 안다

명령어에 익숙해진 아이는 명령을 받는 것이 당연한 일이 된다. 어쩌면 그것이 육아를 편하게 만드는 것 아니냐 이야기할 수 있지만 위험한 생각이다. 명령이 익숙한 아이는 누군가가 자신을 존중하지 않고 일방적으로 지시하거나 명령할 때 그것을 당연하게 받아들이고 따를 수 있다. 즉, 선생님이나 친구, 선후배 등 사회에서 만날 다양한 사람들이 앞뒤 설명도 없이 무언가를 지시할 때 그것에 문제 제기를 못 할 수 있다. 또 누군가를 배려해서 자신의 뜻을 양보했을 때 상대가 특별히 고마워하지 않아도 무례하다고 생각하지 못할 수 있다.

부당한 상황에서는 '왜 아무 설명도 없이 기다리라고 하지?' '왜 내 양보를 당연하게 생각하지?' 하고 문제의식을 가질 수 있어야 한다. 그래야 자기 자신을 지킬 수 있기 때문이다. 집에서 존중받은 경험이 있는 아이는 집 밖에서의 무례함에 고개를 갸웃한다. 단순히 나이가 많거나 사회적 위치가 높다고 해서 함부로 명령해서는 안 된다는 것, 상대방의 양보와 배려를 당연하게 여기면 안 된다는 인식은 가정에서 심어줘야 한다.

표현 정리하기

간단한 설명하기 ▶ 고마움을 표현하기

• 간단한 설명하기

시간이 조금 더 필요한데 기다려줄 수 있어?

이 전화는 중요해서 먼저 받아야 돼. 전화를 끝내고 같이 놀자.

• 고마움을 표현하기

기다려줘서 너무 고마워.

잘 기다려줘서 일을 잘 마칠 수 있었어.

* 육아 중 아이가 부모를 기다려야 하는 순간은 수없이 많다. 그 중 한 순간이라도 나의 표현을 바꿔보자.
* 아이의 의견이 우선인 날도 만들어보자. 서로 당장 하고 싶은 것이 다를 때는 "그래! 네가 원하는 놀이 같이 하고, 10분 후에 집안일을 마저 할게"라고 해보자. 하고 싶은 일을 잠시 멈추고 나의 모습을 돌아볼 수도 있다.

아니야, 손부터 씻어

”

"아니야, 만지지 말고 손부터 씻어."

"어허~ 손부터 씻고 먹어야지."

그 어느 때보다 민감한 시대가 되었다. 그건 부모가 신경 쓰거나 주의할 일이 많아졌다는 의미이기도 하다. 우리는 누군가 시킨 것도 아닌데 엄격한 목소리와 짧은 문장으로 아이에게 말하려 한다. 마치 수업 시간에 선생님이 권위적인 목소리로 "조용히 하고 앞에 봐" 하고 말하던 것과 비슷하다. 그때는 그렇게 하는 것이 좋은 교육법이라 여겨졌으나 지금은 다르다. 오늘날의 선생님들은 학생들이 스스로 말할 수 있는 분위기를 만들기 위해 많은 노력을 기울인다. 이렇게 해라, 저렇게 해라 하고 명령으로 아이를 통제하던 시대에서 나아가려는 노력이다.

(부정어를 감탄사로 대체하기)

집에 도착한 아이가 신발을 벗기 무섭게 달려간다. 어쩌면 아이는 엘리베이터를 타고 올라가는 동안 집에 가면 제일 먼저 어떤 장난감을 가지고 놀 것인지 생각했을 수 있다. 또는 순간 식탁 위에 놓인 쿠키가 눈에 들어와 달려가기도 한다. 이런 상황에서 양육자의 목소리는 커진다.

"아니야! 손부터 씻어."

물론 부모의 마음에는 아이를 향한 사랑이 가득하므로 아이의 건강을 위해 단호하게 말했을 것이다. 하지만 같은 말이라도 다르게 표현할 수 있다.

"아 맞다! 손부터 씻어야지."

마치 중요한 일을 깜빡 잊을 뻔했으나 다행히 생각해 낸 것처럼 말이다. 위의 두 표현은 눈으로 보았을 땐 큰 차이가 없는 것처럼 보이지만 입으로 말해보면 엄청난 차이를 가진다. "아니야, 손부터 씻어"는 부정어로 시작한다. 반면 "아 맞다! 손부터 씻어야지"는 감탄사로 시작한다. 부정어는 아이를 위축시키지만 감탄사는 호기심을 불러일으킨다. 나는 이전의 저서 《감탄육아》(더메이커, 2023)에서도 감탄사의 효과를 꾸준히 강조했다. 감탄사 활용은 많은 양육자들이 실제 육아에 적용한 뒤 큰 효과를 느낀 방법이다. 표현을 바꿔주는 것만으로도 양육자와 아이의 내면에서는 굉장히 큰 변화가 생긴다. "아니야"는 아이가 하려던 일을 차단하면서 시작한다. 이때 아이의 뇌에서는 무의식적으로 '왜 못 하게 하지?'라는 불만이 작동한다. 또한 양육자가 "아니야"라고 말을 시작하는 순간, 그 뒤에 부정적인 표현들을 불러오게 된다.

> "아니야. 내려놔. 이쪽으로 와. 너 그러다 큰일 나. 아주 감기 왕창 걸려야 정신 차리지."

말을 감탄사로 시작하면 부정어가 이어지는 흐름을 바꿔준다. 앞서 말했듯 감탄사는 일시 정지의 효과가 있기 때문이다. 그때 아이의 관심을 양육자에게로 돌릴 수 있다. 그리고 아주 중요한 일이 지금 막 생각난 것처럼 말이다.

> "아~ 우리 손 씻는 거 깜빡할 뻔했네?"

이렇게 말한 뒤 양육자가 먼저 손 씻는 모습을 보여준다. 이렇게 해야 할 행동을 양육자가 먼저 하면 아이는 자연스럽게 따라 한다. 아이가 소매를 걷어붙이고 화장실로 들어오면 남은 건 같이 신나게 손을 씻는 일이다. 함께 손을 비비고 스킨십을 나누며 그 시간을 즐겁게 만들자.

"아 맞다"를 활용하면 깜빡 놓칠 뻔했던 일을 양육자와 아이가 같이 해낸 것처럼 만들 수 있다. 손을 씻으라는 말이 잔소리처럼 들리면 아이는 괜스레 더 하기 싫어진다. 그러므로 아이가 꼭 해야 하는 일이라면 그것을 재미있는 일처럼 만들어주자. 아주 작은 표현만 바꿔도 가능하다.

단어 하나가 불러오는 긍정적인 효과는 생각 이상으로 크다. 실제로 강의를 듣고 아이에게 적용해 본 많은 가정에서는 '아 맞다의 기적'이 일어났다고 말한다. 잔소리가 줄어드니 자연스럽게 아이와 부딪히는 일이 줄고 관계가 좋아지기 때문이다. 또 말을 안 들어 속을 썩이던 아이가 스스로 좋은 행동을 하게 되었다고 이야기한다. 좋은 행동을 택했을 때 아끼지 않고 칭찬해 주니 아이는 신이 나고 다음에도 같은 선택을 하며 선순환이 이루어진다. 양육자가 선택하는 단어 하나가 얼마나 중요한지 알 수 있다. 모든 가정에서 '아 맞다의 기적'을 꼭 직접 경험해 봤으면 좋겠다.

표현 정리하기

부정어를 감탄사로 대체하기

- '아 맞다'를 활용하기

아 맞다! 손부터 씻어야지.

아 맞다! 우리 저쪽부터 가야 되잖아. 누가 길을 잘 찾나 시합할까?

* 아이의 행동을 긍정적인 방향으로 이끌어주고 싶을 때 '아 맞다'를 꼭 사용해 보자. 이때 아이와 함께 기억해 내서 다행이라는 리액션을 취해보는 것도 좋다.
* 아이가 알아서 적절한 행동을 취했을 때는 아낌없이 칭찬하자. 칭찬은 아이에게 자신의 행동이 잘한 일이라는 것을 학습시키는 가장 좋은 도구다. 또한 다음에도 그 행동을 할 수 있도록 유도하는 힘이 있다.

잘 준비해, 불 끌 거야

"지금 안 오면 혼날 줄 알아."

"장난감 다 갖다 버린다!"

"네 맘대로 해. 난 잘 거야."

예나 지금이나 어쩜 아이들은 한결같이 자는 것을 싫어할까? 어른들이 '하루 종일 잠만 자는 날이 하루라도 있었으면…' 하고 간절히 바라는 것을 알면 얼마나 충격을 받을까 싶기도 하다. 아이의 성장을 위해서 또 양육자만의 시간을 위해서 아이들은 충분한 수면을 취해야 한다. 하지만 매일 밤 수많은 가정에서 재우고 싶은 양육자와 안 자고 싶은 아이의 씨름이 일어난다. 사실 아이를 재우는 일뿐만 아니라 매 순간이 씨름이다. 밥 먹어라, 책 읽자, 숙제부터 해라, 씻고 놀자, 제자리에 놓자 등 끝도 없다. 대부분은 양육자가 아이에게 시키고 싶은 마음과 아이의 놀이 욕구가 충돌하는 상황이다. 아이에게 꼭 필요한 일인데도 양육자의 말은 그저 잔소리가 되어버리기 쉽다. 이럴 때는 조금 더 섬세한 기술이 필요하다.

계획을 공유하기

먼저 아이에게 계획을 공유하는 말로 시작하자. 서로의 생각이 다른 상황에서 양육자가 계획을 공유하며 아이를 리드하는 것이다.

> "큰 바늘이 8에 가면 장난감을 정리하고 잘 준비할 거야."
> "우리 외출 준비를 조금 빨리 해야 해. 큰 바늘이 여기까지 오면 집에서 나갈 거야. 잘 보면서 준비하자."
> "지금 하는 블록 놀이는 딱 10분만 더 하고 책 읽을 거야. 엄마는 먼저 간식 준비하고 있을게."

이처럼 양육자가 생각한 계획, 즉 앞으로 이어질 상황을 아이에게 말로 공유하여 신호를 주면 된다. 이때 아이와 함께 다음 계획을 결정하는 것도 좋은 방법이다. 하원 후에 아이가 할 일 서너 가지의 순서를 같이 정해보자.

"와~ 집에 도착했네? 우리 이제 뭘 해야 하지?

(즐거운 분위기로 시작) (질문으로 아이의 생각 활성화)

간식을 먹을까, 놀이를 할까, 씻을까.

(예시)

좋아, 그럼 뭐부터 하고 싶어?"

(답변 유도)

할 일의 순서를 아이와 함께 정해보는 것 자체가 계획을 공유하는 것과 같다. 이렇게 능동적으로 계획 세우기에 참여한 아이는 자신이 함께 만든 계획을 지키려고 좀 더 노력하는 모습을 보인다.

분위기 만들기

일정을 공유했다면 다음은 분위기 조성이다. 이 단계는 아주 중요하다. 분위기가 만들어지지 않은 상태에서 해야 할 일을 지속적으로 요구해 봤자 아이는 잔소리로 느끼기 때문이다. 잘 만들어진 분위기는 열 마디 말보다 힘이 세다. 10분 후 잘 준비를 할 것이라고 공유했다면 10분 동안 분위기를 만들어주자. 자연스럽게 집을 정리하고 잠옷으로 갈아입거나 TV를 끄는 등 아이가 잘 수 있는 환경을 만든다. 분위기를 만들고 있음을 알려주는 말을 할 수도 있다. 이때 아이에게 직접 이야기하는 게 아니라 혼잣말처럼 하는 것이 고급 기술이다.

"10분 후에 잘 준비해야 하니까 엄마는 설거지 빨리 끝내야겠다. 서둘러야지."

"외출 준비에 빠진 게 없을까? 가방 챙겼고 외투 꺼냈고. 아, 불을 꺼야지!"

"와~ 책 읽으면서 먹을 간식으로 옥수수를 찌려고 하는데 이거 진짜 맛있어 보이네. 이따 맛있게 먹어야지."

그냥 말없이 행동해도 되지만 말을 붙여주는 것이다. 사실 이렇게 말하면서 행동하는 것이 성인에게 익숙한 일은 아니지만 육아에는 여러모로 도움이 많이 된다. 특히 아이가 어릴 때는 아이가 바라보는 모습과 실제 의도의 간극을 줄여주므로 상황 파악력을 키워줄 수 있다.

(행동을 이끌기)

계획 공유와 분위기 조성을 통해 다음 목적지를 아이가 충분히 알 수 있도록 했다면 이제 아이의 행동을 이끌 차례다.

"시간이 됐네. 이제 양치하러 가자."

이미 앞에서 충분히 계획 공유가 되었고 분위기가 만들어졌다면, 아이는 자신이 해야 할 일을 투정 없이 하게 된다. 그럼 양육자는 아낌없이 칭찬해 주면 되는 것이다.

"이야, 잘 시간이 되니 딱 양치하러 왔네. 어떻게 이렇게 멋진 아이가 있을까~"

외출 준비를 할 때는 조금 다급한 목소리를 사용하는 것도 좋다.

"언제 시간이 이렇게 됐지? 어서 나가야겠다. 외투랑 신발만 신으면 되지? 너무 멋지다! 출발!"

양육자가 다급한 목소리로 해야 할 행동을 말하면 아이는 약간의 긴장을 갖고 양육자의 템포를 따라가게 된다. 그럼 다시 칭찬을 해준다.

"이야~ 딱 제 시간에 출발했네. 외출 준비 좀 잘하는데?"

아이의 행동을 이끌기 위해 같은 말을 여러 번 반복하며 피로도만 높이고 있는 건 아닌지 주의하자. 계획 공유도 분위기 조성도 없이 계속 말로만 요구하는 것은 부모의 말을 잔소리로 만드는 지름길이다. 표현을 바꾸는 것은 일을 수월하게 만들 뿐만 아니라 양육자와 아이가 더 바람직한 관계를 만들어갈 수 있도록 도와준다.

(응용하기)

아이가 아직 시간이라는 개념을 모른다면 계획을 공유할 때 행동을 기준으로 설명할 수 있다.

"아빠가 설거지를 다 하면 바로 씻으러 갈 거야."

이때 "씻으러 가는 거 어때?" 하고 아이에게 선택권을 넘겨줄 필요는 없다. 앞으로의 일정이 이러하니 아이에게 알고 있으라는 의미이기 때문이다. 너무 단호한 말투를 사용할 필요는 없지만 정확하게 말해줘야 한다. 포인트는 지금 당장 행동으로 옮기라고 하는 것이 아니라 아이에게 준비할 수 있는 시간을 주는 것이다.

"자, 이제 나갈 거야. 정리해!"

이렇게 말하면 아이는 양육자의 말을 바로 행동으로 옮겨야 하므로 저항이 심할 수밖에 없다. 이럴 땐 다음과 같이 말해보자.

"씻고 나오면 나갈 준비해야 하니까 그때까지 놀면 돼."

지금 아이가 하고 있는 것을 앞으로 얼마나 더 할 수 있는지 말해주면 아이의 저항을 줄일 수 있다. 아이는 바쁜 마음으로 행동을 이어갈 것이다. 물론 아이가 "싫어!"라고 할 수도 있다. 아이의 의견도 중요하지만 언제나 부모가 관계의 리더라는 것을 잊으면 안 된다.

> "싫구나. 그래도 너무 늦으면 곤란해. 5분 정도는 더 줄 수 있는데 더 줄까?"
>
> "싫어도 어쩔 수 없는 거야. 그럼 나가서 갖고 놀 수 있는 장난감을 ○○(이)가 골라봐."

양육자는 이렇게 여유롭게 상황을 조율하면서 리더십을 발휘해야 한다. 그래야 아이도 본인이 떼쓰고 우긴다고 될 일이 아님을 학습할 수 있다. 최종 결정권은 양육자에게 있음을 아이에게 부드럽게 알려주자. 최종 결정이 정해진 상태에서 작은 선택권을 아이에게 나눠주는 것은 괜찮다. 더 놀고 싶어 하는 아이가 외출을 반드시 해야 할 때 작은 장난감 정도는 챙겨갈 수 있도록 해주는 것이다. 아이가 이를 닦기 싫어할 때는 가족들의 양치 순서를 정하게 하거나 누가 제일 깨끗이 닦는지 시합을 해보자고 할 수도 있다.

우리의 뇌는 어떤 것을 선택해야 할 때 집중력을 발휘한다. 이를 활용하여 아이가 할 수 있는 다른 미션을 주는 것도 유용한 팁이다. 지금 하는 놀이를 그만두고 싶지 않은 아이에게 다음과 같이 말하면서 자연스럽게 관심을 옮겨보자.

"나갈 때 아빠랑 ○○(이)가 먹을 간식을 하나씩 챙겨줘~"
"자기 전에 읽을 책 두 권만 골라볼래? 한 권은 엄마가 고르게."
"어제 집에 오는 길에 개미들이 많던데, 오늘 유치원 갈 때도 많을지 한번 볼까?"

'해야 할 일'을 시키기 위해 아이와 씨름을 하다 화를 내면 하루에도 몇 번씩 큰소리가 나는 것이 당연한 집이 되어버린다. 어차피 해야 할 일이라면 양육자도 아이도 즐겁게 할 수 있도록 길을 내야 한다. 고난한 작업이겠지만 공을 들여 좋은 길을 내고 나면 자연스럽게 그 길로 아이와 걸을 수 있을 것이다.

표현 정리하기

공유하기 ▶ 분위기 만들기 ▶ 행동 이끌기

- 계획을 아이에게 공유하기

벌써 시간이 이렇게 됐네? 설거지가 끝나면 씻으러 갈 거야. 알겠지?

- 혼잣말을 하며 분위기를 조성하기

이제 설거지가 거의 끝나가네. 내가 일등으로 잘 준비를 하겠는데?

- 행동을 이끌되 작은 선택지를 주기

이제 양치할 시간! 엄마가 먼저 할까? ○○(이)가 먼저 할까?

* 아이와 강하게 대치하는 상황보다는 성공할 수 있을 것 같은 순간에 먼저 시도해 보자. 부모에게도 아이에게도 성공 경험이 중요하다.

몇 번을 말하는 거야, 그만 좀 해

"지금 안 된다고 몇 번을 얘기했니."

"한 번만 더 말하면 혼날 줄 알아!"

양육자가 참다 참다 화가 펑 터져버리는 순간 중 하나가 바로 아이가 같은 말을 반복하면서 요구할 때다. 안 되는 이유를 설명하고 조금만 기다려달라고 말해도 아이가 요구를 멈추지 않을 땐 아무리 마음이 넓은 부모라도 참기 힘들다.

언젠가 아이와 키즈 카페에서 신나게 놀고 나서 집으로 가는 길이었다. 나는 아이에게 집으로 가기 전에 정수기에서 물을 마실 것을 권했으나 아이는 단호하게 거절했다. 그랬던 아이는 차가 출발하기 무섭게 물을 요구했다. 차에는 물이 없었고 집까지는 15분이 필요했다. 분명 방금 전까지 목마르지 않다고 장담하던 녀석이 멈출 줄 모르고 같은 말을 반복하기 시작했다.

"엄마, 물 줘."

"나 물."

"목말라. 물 줘."

나는 화가 나오려는 것을 꾹꾹 참으며 말을 꺼냈다.

"그래서 아까 엄마가 물 마시라고 한 거야. 네가 그때 안 마셨잖아."

그 말에는 '네 선택이고 네 책임이니 좀 조용히 해줄래?'라는 의미가 담겨 있었다. 잔뜩 힘주어 뱉은 나의 한마디에 아이는 위축된 목소리로 자신의 생각을 말했다.

"그때는… 그때는 진짜로 목이 안 말랐어…."

아이의 대답을 듣고 나는 잠시 할 말을 찾지 못했다. 아이가 일부러 나를 괴롭히기 위해서 물을 마시지 않고는 차가 출발하자마자 같은 말을 반복한 것은 분명 아니었을 것이다. 다만 아이는 나중을 대비해서 미리 물을 마셔두면 좋다는 것을 몰랐을 뿐이다. 목마르지 않지만 미리 물을 마셔라, 화장실에 갈 생각이 없어도 미리 다녀와라. 부모 입장에서는 몇 수 앞을 내다보면서 권하는 것들이지만 아이 입장에서는 이해하기 어렵다. 그런 아이를 이해하면서 좋은 방법으로 이끌어가는 것이 양육자의 몫이다.

(공감해 주기)

이런 상황에서 가장 먼저 하기 좋은 것은 바로 아쉽다며 공감해 주는 것이다. 아이에게 도와줄 수 없어서 나도 참 아쉽다는 감정을 표현하면 된다. 보통 많은 양육자가 이 과정을 생략하는 경우가 많다. 기억하자. 아쉽다는 표현으로 아이를 공감해 주는 것이 먼저다.

> "목마르구나. 지금 물이 없는데 어쩌지? 에구구."
> "에구~ 나도 목마르네. 우리 아까 물을 마실 걸 그랬다."
> "아~ 차에 물이 하나도 없네? 나도 물을 주고 싶은데 아쉽네."

아쉬움을 표현하는 것은 양육자가 아이와 한편이라는 것을 표현해 준다. "거봐! 아까 마시라고 했지?" "네가 한번 찾아봐, 물이 있나, 없지?" 같은 표현은 아이와 한편이라고 보기 어려운 표현들이다. 양육자가 무섭게 이야기한다고 해서 아이의 목마름이 사라지는 것은 아니다.

(화내지 않고 알려주기)

공감을 표현하여 아이에게 양육자가 한편이라는 것을 인식시킨 이후에는 상황을 설명해 준다. 이때 중요한 포인트는 화내지 않는 것이다.

"그래서 아까 물을 마시라고 한 거였어. 이제 어쩔 수 없이 참아야 하는데, 집이 가까우니 할 수 있을 거 같은데?"
"차에 물이 없어. 지금은 물을 살 만한 곳도 없으니 조금 기다려야겠어."

이런 설명 중에도 아이가 계속 떼를 써서 펑 하고 터져버릴 것 같다면 미리 알려주자. 아이에게 끝내 화를 내버리기 전에 말이다.

"계속 같은 말을 하니 나도 화가 날 것 같네. 그만하고 기다리면 좋겠어."

그러게 왜 말을 안 듣냐며 다그치는 방식으로 다가가면 아이가 서운함을 느끼는 것과 함께 지나치게 위축될 수 있다. 혼내지 말고 양육자가 리더로서 자신의 생각을 알려주는 것이 중요하다. 이런 순간들이 쌓여 단순히 양육자의 명령을 '잘 따르는 아이'가 아니라, 귀 기울여 듣고 '스스로 좋은 선택'을 할 수 있는 아이가 된다.

방법을 찾아주기

아이가 같은 말을 반복하며 요구를 하는 것이 양육자를 화나게 하고 싶어서는 아니다. 본인도 멈춰보려 하지만 힘들기 때문에 같은 요구를 반복하는 것일 수도 있다. 상황을 설명하여 아이가 같은 말을 반복하는 행동을 멈춘다면 다행이다. 하지만 그렇지 않다면 이제 양육자가 해야 하는 일은 함께 방법을 찾는 것이다. 어디까지나 양육자는 아이와 한 팀이며 그 팀의 리더이기 때문이다. 가장 간단한 방법은 가까운 가게를 찾아 차를 세우고 물을 사주는 것이다. 가능한 상황인지는 양육자가 판단할 수 있다. 아직 집까지 가야 할 길이 멀고 아이의 컨디션을 살폈을 때 물이 꼭 필요할 것 같다고 여겨지면 "아까 먹었어야지" 하고 탓할 필요 없이 함께 문제를 해결하면 된다.

> "그래, 목말라서 너무 힘들 것 같더라. 우리가 신나게 놀았나 봐. 여기에서 물을 사 먹자. 다음엔 차에 타기 전에 미리 마시자."

이렇게 부드럽게 말해도 아이는 충분히 학습할 수 있다. '다음엔 차에 타기 전에 물을 마셔야겠다' 하고 자연스럽게 깨닫는다.

집이 가깝고 충분히 참을 수 있는 상황이라고 판단되면 아이가 그 시간을 잘 이겨낼 수 있게 도와줄 수 있다. 이때 화제를 전환하거나 끝말잇기를 하거나 노래를 부르는 등 아이의 집중을 다른 곳으로 분산시키는 방법이 있다. 다른 이야기를 하면서 시간이 빨리 갈 수 있게 도와주는 것이다.

"아, 물 이야기를 하니까 우리 저번에 물놀이 갔을 때가 생각난다!"

"물은 왜 투명할까? 빨간색이나 파란색이 아니고 말이야. 물이 빨갛다면 어떨 것 같아?"

양육자가 늘 아이의 요구를 바로바로 다 들어줄 수는 없다. 다만 늘 아이와 한편이 되어 리더의 역할을 수행하는 것은 중요하다. 아이가 힘들게 할 때는 돌아서고 말을 잘 들을 때만 함께하는 것은 좋은 리더의 모습이 아니다.

(함께 기뻐하기)

마지막으로 함께 기뻐하는 것을 꼭 실천하면 좋겠다. 다른 이야기를 하면서 아이가 목마름을 잠시 잊고 집에 도착했다면 얼른 물을 주고 함께 기뻐해 주자.

"도착이야. 얼른 물을 마시자. 와~ 우리 진짜 잘 참았다!"

"○○(이)가 계속 칭얼거리지 않아서 엄마가 집까지 빨리 올 수 있었어."

양육자는 함께 아쉬워했고 필요한 설명을 해주었고 함께 견뎠다.

마지막 단계에서는 '이제 네 욕구가 해결되어서 나도 기뻐' 하고 감정을 나누자.

(주의할 점)

목마름을 잘 참고 집에 온 아이에게 이런 표현은 피해야 한다. 양육자가 끝까지 아이와 대립된 자리에 있음을 보여주기 때문이다.

"어휴, 아주 물 하나 가지고 사람을 잡네. 마셔라, 마셔."

안 좋은 표현	· 좀 조용히 해(명령) · 좀 참아 봐(강요) · 어휴 별것도 아닌 것 가지고 유난이야 정말(지적)
좋은 표현	· 공원에 못 가서 나도 아쉽다(공감) · 지금은 엄마가 해야 할 일이 있어서 가기 어려워(알려주기) · 이따 저녁 먹기 전에 다녀오면 어때?(방법 찾기) · 오늘 공원에 올 수 있어서 참 다행이야(기뻐하기)

같은 말을 반복하는 아이를 견디는 것은 쉽지 않다. 하지만 아이가 이런 순간에 대처하는 방법을 배우는 과정이라고 생각하면 양육자가 해야 할 일은 간단해진다. 아이가 잘 배울 수 있도록 도와주는 것이다. 아이는 요구가 단번에 해결되지 않아도 양육자가 함께 공감해 주고 설명하면서 버틸 수 있는 방법들을 알려준다면 충분히 좋은 방법을 배울

수 있다. 또 함께 기뻐하면서 다음엔 어떻게 하면 좋을지 다음 기회를 기약해 볼 수도 있다. 아이는 양육자가 나와 한편이라고 느낄 때 양육자의 표현을 더 잘 흡수한다.

표현 정리하기

공감하기 ▶ 화내지 않고 알려주기 ▶ 방법을 찾기 ▶ 함께 기뻐하기

- 아쉬운 마음을 표현하기

안타깝지만 지금은 간식을 먹을 수 없어서 기다려야 되겠어.

- 화내지 않고 상황을 설명하기

자꾸 떼를 쓰니 나도 화가 날 것 같아. 이제 떼쓰는 건 멈춰야 해.

- 방법을 찾아주거나 관심을 돌리기

밥을 먹자마자 먹을 수 있도록 먹고 싶은 것들을 앞에 챙겨놓자!

- 상황이 해결되면 함께 기뻐하기

이야~ 밥 다 먹고 간식 먹는 거 멋지다! 더 건강해지는 것 같은데?

* 아이의 요구를 들어줄 수 없을 때는 화내거나 무서운 표현이 아니라 정확한 표현을 사용하자.

“

야, ○○○!

”

“야! ○○○!”

“○○○! 엄마가 하지 말라고 했지!”

아이 이름에 좋은 의미를 담기 위해 노력했던 시간을 떠올리면, 아이의 이름 석 자가 아이를 제압하는 데에 쓰이는 것은 여간 안타까운 일이 아니다. “야!”라고 짧고 무섭게 외치거나 이름을 불러 아이를 제압하는 것은 잘해야 10년 정도 통할 것이다. 요즘 아이들은 성장도 사춘기도 빠르다. 생각보다 빠른 아이의 역공에 더 센 방법으로 얼굴을 붉히지 않으려면 이런 표현을 잘 조절해야 한다.

양육자는 아이보다 할 줄 아는 것이 많고 아는 것이 많기에 더 여유로운 태도를 보여줘야 한다. 선을 넘으며 반항하는 아이, 여러 번 경고 했음에도 쉬지 않고 장난을 치는 아이에게 목소리를 높여 이름을 부르는 대신 부드러운 표현을 사용해 보자.

(여유롭게 제지하기)

아이가 자기 자신을 통제하지 못할 때는, 잠깐 행동을 멈추고 아이와 눈을 마주치며 이렇게 행동하는 것이 괜찮다고 생각하는지 물어보자. 더 큰 목소리를 내는 것이 아니라 상황을 결정하는 힘을 보여주는 것이다.

> "어머, 이렇게까지 하면 안 되는 거야."
>
> (잠깐 멈춤)
>
> "음, 계속 이렇게 행동해도 된다고 생각하는 거야?"
>
> (잠깐 멈춤)

차분하게 양육자가 제지하는 것은 '나는 너의 리더야, 친구들과 싸우듯 너와 소리치며 싸울 생각이 없어, 이렇게 행동하면 내가 허가하지 않을 거야'라는 뜻을 담고 있다. 리더십을 발휘하여 아이의 행동에 침착하게 반응하고 제지하자. 아이가 상황을 바로 보고 자신의 행동을 바로잡아야겠다는 마음을 먹기 위해서는 양육자의 제지가 필요하다. 아이의 행동을 잠깐 멈추는 데에 성공했다면 정확하고 단호하게 그리고 여유롭게 아이가 해야 할 행동을 말해주자.

(멈추고 지시하기)

지시할 때는 행동을 멈추고 아이를 바라보며 이야기하되, 소리를 치거나 강한 표현을 사용할 필요는 없다. 아이가 하던 행동을 중단시키는 것은 큰소리를 지르는 것보다 강력한 힘을 가진다.

> "지금 숟가락을 던지는 거야? 이런 행동은 하면 안 돼. 나를 봐봐."

식당에서 아이가 밥을 먹기 전에 간식을 먼저 먹겠다고 투정을 부리는 것을 본 적이 있다. 사실 이런 일은 흔한 일이다. 사람이 많은 공간이다 보니 초조해진 양육자는 입으로는 무섭게 말해도 손으로는 바쁘게 밥을 떠 아이의 입에 넣어준다. 그럼 아이는 더 큰 투정을 부리기 시작한다.

"안 먹어! 안 먹는다고! 젤리 줘!"

공포의 표현이 통하지 않으면 양육자는 어떻게든 밥을 먹이고 싶으므로 부탁을 하게 된다. "그럼 딱 다섯 번만 먹고 젤리 먹자" 하며 아이 입에 밥을 넣어준다. 다시 떼를 쓰는 아이와 양육자 간에 씨름이 계속된다. 실랑이 끝에 결국 양육자가 참지 못하고 버럭 큰소리를 내기도 한다. 이럴 땐 부드럽고 단호하게 방향을 제시해 주자.

"아니야. 밥을 다 먹고 나서 젤리를 먹을 거야."
"이렇게 떼쓰는 건 안 돼. 계속 소리 지르면 밥도 못 먹고 젤리도 못 먹는 거야."

이런 상황에서 아이의 입에 밥을 넣어주는 것은 좋은 방법이 아니다. 아이가 잘못된 행동을 보였을 때는 상황을 멈추고, 아이가 그런 행동을 계속하면 원하는 것과 더 멀어진다는 것을 알려줘야 한다. 바른 행동을 할 수 있도록 기다려주자. 아이에게는 학습할 시간이 필요하다. 그리고 이 시간은 분명 점점 줄어들 것이다.

"바르게 앉고 다시 밥 먹자. 밥을 다 먹고 나면 젤리는 얼마든지 먹을 수 있어."
"아니야, 뚝 그치고 바르게 앉아. 밥부터 먹을 거야. 울음 그치는 거 엄마가 도와줘야 하면 알려줘."

아이가 바른 행동을 할 수 있도록 양육자가 언제나 도와줄 준비가 되어 있음을 알려주자. 아이가 손을 내밀면 등을 쓰다듬거나 머리를 만져주며 울음을 그칠 수 있도록 도와준다. 이때 잘하고 있다는 인정의 표현도 잊지 말자. 아이는 자신의 욕구를 누르면서 더 좋은 행동을 하기 위해 나름대로 애쓰는 중이기 때문이다.

"멋지다. 밥 씩씩하게 먹고 맛있게 젤리 먹자."

아이가 스스로 행동을 교정했을 때는 꼭 잊지 말고 칭찬으로 아이를 인정해 줘야 한다. 잊지 말자 '기승전 칭찬'이다. 긍정 강화만큼 강력한 것은 없다.

표현 정리하기

제지하기 ▶ 멈추고 지시하기 ▶ 칭찬하기

• 리더십을 발휘하며 여유롭게 제지하기

어머, 이렇게까지 하면 안 되는 거야.

• 멈추고 지시하되 도와줄 수 있다는 것을 알려주기

지금 숟가락을 던지는 거야? 이런 행동은 안 돼.

이렇게 떼쓰는 건 안 돼. 엄마 봐. 소리를 계속 지른다고 해서 장난감을 사주는 건 아니야.

• 칭찬하기

멋지다! 스스로 멈추는 모습 대단해.

＊ 핵심은 멈춤이다. 무섭게 아이 이름 석 자를 부르는 대신 진행 중인 행동을 멈춰야 한다. 가던 길을 멈추고 상황을 정리한 뒤 다시 걷거나, 아이가 무언가 먹고 있다면 잠시 먹지 못하게 멈추고 잘못된 점을 정확하게 바로잡아야 한다.

얘는 항상 그렇다니까

"얘는 부끄러움이 많아서 그런 거 못해요."

"우리 아이는 브로콜리를 못 먹어요."

"거봐요. 못 하잖아요. 그냥 두세요. 그럴 줄 알았어."

양육자는 아이를 가장 잘 알고 있는 사람이다. 하지만 아이에 대해 이야기할 때 단언하는 표현은 주의해야 한다. 특히 아이 앞에서 말이다. 양육자가 단언하는 표현을 자주 사용하면 아이는 자신의 의견 표출을 점점 더 어려워할 수 있다. 아직 어린아이가 자신의 생각은 다르다고 표현하기란 참 어려운 일이다. 간혹 양육자가 확정해 버린 모습 그대로 아이가 따라가는 경우도 있다. 부모가 자신도 모르게 아이의 한계를 만드는 것이다.

유치원에 입학하는 아이를 두고 엄마가 유치원 선생님에게 말하는 것을 우연히 들은 적이 있다.

"브로콜리와 어묵은 못 먹으니까 그런 반찬은 안 주시면 돼요."

혹시 알레르기가 있는지 선생님이 물었더니 그것은 아니라고 했다. 그저 아이가 늘 거부해서 포기했다는 것이다. 물론 양육자가 나쁜 마음으로 그렇게 설명한 것은 아니겠지만 가급적 아이의 가능성을 열어두는 표현을 사용하는 것이 좋다. 어느 날 아이는 브로콜리를 맛있게 먹는 친구를 보며 브로콜리를 맛보고 싶어 할 수도 있다. 자신의 의사 표현을 분명하게 하지 않거나 속마음을 쉽게 꺼내지 않는 아이들을 보면 양육자가 단언하는 표현을 습관적으로 사용하는 경우가 많다. 양육자가 아이에 대해 이야기할 때 존중을 표현하는 방법을 알아보자.

완곡하게 표현하기

양육자가 아이를 가장 가까이에서 지켜보며 얻은 정보와 생각을 표현하는 것은 나쁜 일이 아니다. 다만 이런 말을 할 때는 '내 생각엔 그래'를 바탕으로 표현하는 것이 좋다.

"엄마 생각에는 ○○(이)가 부끄러워서 그러는 것 같더라."
"아직은 브로콜리를 못 먹는 것 같아요~"

좀 더 완곡하게 표현하여 아이의 가능성을 열어두는 것이다.

(아이에게 물어보기)

약국에 갔더니 약사분께서 아이에게 비타민 사탕을 주셨다. 아이가 쭈뼛쭈뼛 다가가 마지못해 받는 모습을 보고 나는 괜스레 민망해 "아이고, 워낙 쑥스러움이 많아요" 하고 말했다. 이렇게 말하고는 아차 싶어 뒤늦게 "엄마 생각에는 그런데, 맞아?" 하고 아이의 생각을 물었다. 그러자 아이는 "쑥스러운 게 아니라 난 저 비타민이 안 먹고 싶어" 하고 대답했다. 그래서 그랬구나. 나는 한 방 맞은 느낌이었다. 다음에 비슷한 상황이 생기면 "이거 먹을 거야?" 하고 아이의 생각을 먼저 물어보기로 마음먹었다. 그리고 나와 아이는 대화를 나누었다. 먹고 싶지 않아도 누군가의 마음을 고맙게 여기고 받는 것도 중요하다는 것, 정말 원하지 않을 때는 "괜찮습니다" 하고 정중하게 표현해야 한다는 것을 말이다.

거듭 말하지만 아이가 자신의 행동을 스스로 결정할 수 있게 하는 것은 아주 중요하다. 양육자가 평생 아이를 대신하여 좋은 선택을 내려줄 수 없으므로 아이가 좋은 선택을 내리는 힘을 길러줘야 한다. 그것이 곧 자기주도성의 바탕이 된다.

"어려워서 못한 것 같은데 맞아?"

"브로콜리 싫어했었는데 오늘은 한번 먹어볼래?"

양육자는 아이가 스스로 결정하거나 표현할 수 있도록 계속해서 기회를 열어줘야 한다. 아이의 생각을 묻는 질문을 많이 사용하자.

확정적인 말을 긍정적으로 사용하기

확정적인 말은 힘이 있다. 이것은 마치 선포와 같다. 그래서 상대방이 확정적인 말을 사용하면 "아니다, 내 생각은 다르다" 하고 뚫고 나오기가 힘들다. 그런데 이런 확정적인 말이 가진 힘을 잘 활용할 수 있는 방법이 있다.

"넌 역시 멋져!"
"아직은 못해도 좀 더 크면 분명 할 수 있을 거야!"
"그만큼 노력한 것도 훌륭한 거야!"

확정적인 말은 잘 사용하면 힘 있는 응원이 된다. 아이의 미래를 희망적으로 바라봐 주는 표현으로 사용할 수 있다.

표현 정리하기

완곡하게 표현하기 + 아이에게 묻기 + 긍정적 확언

- 단언하지 않고 완곡하게 표현하기

아직은 쑥스러워하는 것 같은데 요즘 점점 노력하고 있어서 잘할 거예요.

- 아이의 의견을 물어보며 스스로 결정할 기회를 주기

오늘도 오이는 빼줘야 할까?

아까는 왜 엄마 뒤로 숨었어?

- 확정적인 말을 긍정적으로 사용하여 아이를 응원하기

이렇게 노력하는 거 보니 금방 잘하게 될 것 같아.

○○(이)는 정말 마음이 따뜻한 것 같아. 최고야!

* 양육자가 아이에게 정해주는 것이 아니라 아이가 스스로 생각해 보고 결정할 수 있게 도와주는 것이 중요하다.

네가 웬일이래?

”

"네가 웬일로 이런 걸 했어?"

"웬일이야? ○○(이)가 이런 걸 다 먹고."

이런 표현을 들을 때면 절호의 찬스를 날렸다는 아쉬움이 항상 따라온다. 아이가 평소와는 다른 모습을 보여주었을 때 양육자가 사용하는 표현이기 때문이다. 예를 들어 원래는 울고불고 나서야 놀이터를 나오는 아이가 무슨 일인지 선뜻 정리를 하고 집으로 발걸음을 옮긴다거나 매번 골라내던 야채를 씩씩하게 씹어 먹는 상황 말이다. 그런 놀라운 순간에 칭찬보다 가르침이 앞서거나 비꼬는 듯한 표현들을 사용하지 않도록 조심해야 한다.

"그래, 이렇게 하니까 얼마나 좋아. 다음에도 이렇게 좀 해 주라."

"네가 웬일이래? 내일은 다시 떼쓰는 거 아니지?"

"설마 사람들 있다고 이렇게 하는 거야?"

부모는 평가자가 아니다. 아이가 잘하나 못하나 계속 지켜보다가 잘하면 점수를 올려주고, 못한 날은 점수를 빼는 감독관이 아니다. 오늘 아이가 잘한 행동을 인정해 주면 괜히 잔소리나 비관적 우려를 입 밖으로 뱉어낼 필요가 없어진다.

바른 행동이 아이의 것이 될 수 있도록 긍정 강화를 할 수 있는 타이밍을 놓치지 말자. 우연이라도 한 번 일어난 좋은 행동에 진심으로 기뻐하며 칭찬해 주는 것이 중요하다. 이는 아이의 행동이 우연에 그치지 않고 습관으로 자리 잡는 열쇠가 된다.

(찬스를 만들기)

매일 울면서 놀이터를 떠나던 아이, 야채는 싹싹 골라내던 아이가 웬일인지 평소와 다르게 행동했을 때, 그 순간을 찬스로 만드는 말들이 있다.

"오~ 울지 않고 멋지게 집으로 가니 너무 좋다. 정말 씩씩 해졌구나."

"야채도 먹어보는 거야? 너무 훌륭해. 한 번씩 이렇게 도전하니까 정말 좋다. 더 튼튼해질 것 같은데?"

'아이가 어쩌다 한 번 한 일에 이렇게까지?'라는 생각이 들 수도 있다. 하지만 하지 않던 행동을 스스로 이끌어냈다는 것은 인정하고 칭찬해 줄 만한 일이다. 지금 한 행동이 얼마나 좋은 행동인지 아이가 몸소 느낄 수 있도록 표현해 주자. 이 순간 인정과 칭찬으로 만들어낸 긍정 강화가 일어난다.

(고마움을 표현하기)

사람은 누구나 내가 누군가에게 도움이 되었다는 것을 느끼면 뿌듯함을 느낀다. 예를 들어 건물 로비에 떨어진 쓰레기를 무심코 주워 쓰레기통에 버렸을 때 쓰레기를 정리하던 환경미화원분께서 "이렇게 도와주시는 분들이 있어 일하기가 한결 편해요"라고 하면 뿌듯함이 더 커진다. 이렇게 내가 한 행동이 누군가에게 도움이 되었다는 것을 알면 그 행동이 얼마나 가치 있는 일인지 크게 와닿는다.

"이렇게 씩씩하게 집으로 가주니 아빠가 힘이 안 들고 너무 편하네. 정말 고마워."

"와~ 이렇게 야채까지 골고루 먹어주니 요리할 맛이 나네.

맛있게 먹어줘서 나도 신난다!"

늘 아이와 씨름하던 순간을 부드럽게 넘어가는 그런 날, 아이가 좋은 행동을 시작하는 그런 날에는 칭찬으로 아이의 행동을 인정해 주고, 파생되는 긍정적 효과를 말해주면서 고마움을 표현하자.

표현 정리하기

찬스를 만들기 ▶ 고마움을 표현하기

• 인정과 칭찬으로 찬스를 만들기

오늘은 칭얼거리지 않고 집에 가니까 정말 좋다. 역시 넌 멋져.

• 행동의 긍정적 효과와 함께 고마움 표현하기

안기지 않고 가니까 엄마 어깨가 아프지 않고 정말 편하다. 고마워.

* 어쩌다 한 일을 크게 칭찬하면 매번 해줘야 할까 봐, 아이가 교만해질까 봐, 너무 과한 것 같아서 등 여러 걱정으로 칭찬을 아끼는 일이 많다. 하지만 아이가 늘 하던 행동을 바꿨을 때, 좋은 행동을 하나 더 습득했을 때는 충분한 칭찬이 필요하다.

* 시간차 칭찬을 잘 활용하자. 그 순간 한 번 칭찬해 주고 일정 시간이 지난 다음 다시 칭찬하여 상기시키는 것이다. "다시 생각해도 아까 낮에 네가 그렇게 한 건 정말 훌륭했어!"

똑바로 인사해야지

"안녕하세요 하고 인사해야지."

"감사합니다 하고 말해야지!"

"똑바로 인사 좀 해!"

아이들은 집에서는 하루 종일 큰 소리로 잘만 떠들면서 밖에서 어른들을 만나면 쭈뼛거리곤 한다. 부모 입장에서는 그런 아이의 모습이 탐탁지 않을 수 있다. 좁은 엘리베이터 안에서 "몇 살이니?" 하고 물어보는 이웃 어른의 질문에 묵묵부답으로 얼굴을 피하는 아이를 보면 답답함과 민망함이 함께 올라오기도 한다. 그런 마음에 언제까지 인사를 똑바로 안 할 거냐, 인사하는 건 중요한 거라고 이야기했지 않느냐 하며 결국 아이를 야단치고 만다. 하지만 이런 일이 반복되면 아이는 엘리베이터가 열릴 때마다 아무도 없기를 바라게 된다. 또는 친절하게 말을 거는 어른들이 싫어질 수도 있다. 양육자가 가르치고 싶은 것은 인사의 중요성이지만 아이는 엘리베이터는 아무도 없을 때 타는 게 좋다는 것을 배울 수도 있는 것이다. 사실 아이 입장에서 수많은 어른들은 엘리베이터에서 서로 인사하지 않는다. 서로 안부를 묻거나 나이를 묻지 않는다. 그러므로 이럴 때는 훈계보다는 모범이 되는 것이 더 좋은 학습이다.

모델이 되어주기

양육자가 먼저 인사를 건넨 사람에게 "안녕하세요"라고 크게 답하자. 아이 등을 툭툭 밀며 인사하라고 다그치는 것보다 훨씬 더 좋은 방법이다. 함께 인사를 나누는 것이 쑥스러운 일이 아니라 당연하고 기쁜 일임을 알려주자. 이렇게 인사를 하고 엘리베이터에서 내린 후 뿌듯한 표정으로 아이에게 말할 수 있다.

> "아빠가 인사하는 거 봤어? 멋지지?"
> "이렇게 인사하면 돼. 어렵지 않지? ○○(이)도 좀 더 씩씩해지면 할 수 있을 거야!"

아이가 "나 벌써 씩씩한데"라고 말이라도 한다면 반은 성공이다. "그래? 그럼 다음엔 도전해 보자" 하고 실천으로 나아갈 수 있도록 도움을 주면 된다. 그 상황에 직면했을 때보다는 아이가 더 안전감을 느낄 수 있는 상황에서 알려주는 것이 좋다. 집에서 즐거운 분위기로 놀이를 하고 있을 때 인형을 사용해 역할 놀이를 하며 인사 잘하는 친구 뽑기를 해본다거나 관련된 책을 읽으며 배우고 연습해 볼 수 있다. 중요한 일일수록 즐겁게 배워야 학습이 깊게 이루어진다.

가끔 인사를 잘하는 씩씩한 아이를 만나는 경우도 있다. 우렁찬 목소리로 "안녕하세요" 하는 기특한 아이에게 "씩씩하게 인사를 잘하네" 하고 반응해 주면 아이가 보고 배울 수 있다.

"우와~ 넌 진짜 인사를 잘하는구나? 안녕!"
"먼저 인사해 줘서 고마워. 안녕~"

서로 스스럼없이 인사를 나누는 어른들이 더 많아지면 좋겠다. 미국에 갈 때마다 조금만 스쳐도 미안하다고 주저 없이 말하고, 처음 만난 사람의 신발이 예쁘다고 칭찬하는 일을 많이 본다. 미국에서 가장 많이 사용되는 표현이 '실례합니다' '미안합니다' '고맙습니다' 아닐까 싶다. 간단한 인삿말들을 수시로 주고받고 사과와 감사에 박하지 않은 여유가 참 부럽다.

눈을 마주치면 피하는 것이 아니라 싱긋 웃어 보이는 것, 사람을 마주치면 인사를 건네는 것, 작은 불편이 생겼다면 기꺼이 먼저 미안하다고 말하는 것들은 건강한 자존감을 바탕으로 서로를 존중하는 습관에서 비롯된다.

아이에게 인사하라고 등을 밀면서도 자신은 다른 사람과 눈도 마주치지 않는 수많은 양육자들이 있다. 무뚝뚝한 표정으로 핸드폰만 쳐다보는 것이 아이들에게 익숙해지지 않도록 양육자가 먼저 좋은 모델이 되어야 한다. 양육자가 먼저 하면 아이는 자연스럽게 보고 배운다.

(단계를 나눠 시도하기)

아이가 단번에 다른 모습을 보이는 쉽지 않다. 실제로 우리 아이는 처음 본 사람에게 인사하는 데에 수개월이 걸렸다. 이때는 계속 '씩씩하게 인사하기'라는 완성품을 요구하기보다는 아이가 할 수 있는 수준으로 시도할 수 있는 기회를 만들어주면 좋다.

외출하기 전 아이에게 씩씩한 마음이 얼마나 있는지 점수로 물어보자. 아주 작은 숫자를 말할 수도 있다. 아직 큰소리로 인사하고 싶지 않기 때문이다. 그러나 그 숫자는 분명 조금씩 올라갈 것이다. 아이 스스로 나아가고 싶은 마음이 있기 때문이다. 며칠 후 다시 물어보면 아이는 전보다 조금 큰 숫자를 말할 것이다. 이전보다 씩씩해진 사실을 함께 기뻐할 수 있고 언젠가 용기가 가득할 날을 기대할 수도 있다.

아주 작은 소리로 말해보기, 엄마나 아빠 뒤에 숨어서 인사해 보기 등도 좋다. '씩씩하게 인사하기'와는 아직 거리가 멀고 어쩌면 상대는 아직 듣지 못할지도 모른다. 그러나 중요한 것은 아이가 시도하고 있다는 것이다. 양육자와 한편이 되어 작은 시도들을 해나가는 경험을 하는 것만으로 충분하다.

아이가 내 뒤에 숨어서 인사하던 시절, 나와 아이는 그 일에 대해 함께 이야기하고 많이 웃기도 했다. 엘리베이터에 있던 아저씨가 들었을지 못 들었을지 상상하기도 했고, 목소리를 아주 조금만 더 크게 했어도 들었을 것 같다며 아쉬워하기도 했다. 그런 모든 순간이 아이에게는 재미로 다가온다. 본인이 못하는 것을 혼나며 배우거나 이를 악물고 이겨내야 하는 것이 아니라, 자신만의 시도를 하며 작은 성장을 맛보고 즐겁게 다음으로 나아가기 때문이다.

표현 정리하기

모델이 되어주기 + 단계를 나눠서 시도하기

- 먼저 인사하는 모습 보여주기

안녕하세요~

조심히 가세요~

- 씩씩하게 인사하는 아이에게 칭찬과 고마움을 표현하기

안녕~ 인사를 정말 멋지게 하는구나.

먼저 인사해 줘서 고마워~ 잘 가!

- 단계를 나눠 조금씩 시도할 수 있도록 돕기

문이 닫히면 그때 인사해 볼까?

엄마 뒤에서 한번 인사해 볼래?

* 아이에게는 더 멋진 사람이 되고 싶은 마음이 있다. 양육자가 믿어주고 응원하며 지속적으로 모델이 되어준다면 분명 해낼 수 있을 것이다.

내가 그럴 줄 알았다

"거봐! 어째 불안하더라. 내가 그럴 줄 알았다."

"그래서 화장실 가라고 했어? 안 했어? 그럴 줄 알았어."

혹시나 위의 표현들이 익숙하다면 주의를 기울이자. 한 일화가 있다. 어떤 엄마가 아이를 나무라며 길을 걸어가고 있었다. 엄마는 아이에게 "내가 너 그럴 줄 알았어, 그러니까 조심 좀 하라고 했지?" 하며 다그쳤다. 아이는 잔뜩 풀이 죽은 채 걸어가고 옆에서 보호자는 인상을 잔뜩 찌푸린 채 걷고 있었다. 그 모습을 조금 떨어져 지켜보던 한 아이가 이렇게 말했다고 한다.

"참 이상해요. 그럴 줄 알았으면서 왜 도와주지 않았대요?"

육아를 하다 보면 우리 눈에는 뻔히 보이는 결말들이 있다. 저렇게 장난을 치다가는 결국 다치고 말겠구나, 물건이 쏟아지고 망가지겠구나 싶은 순간들 말이다. 조금 더 많이 경험한 어른으로서 좀 더 성숙한 방법으로 아이를 도와줄 수는 없을까?

(의도보다 표현을 신경 쓰기)

아이에게 닿는 것은 양육자의 의도가 아니라 표현이다. 많은 부모님들이 "그런 의도로 한 말이 아니에요" "그런 마음은 없었어요" 하고 말한다. 어찌 나쁜 의도가 있었을까. 아이를 협박하거나 골탕 먹이려는 의도를 가진 부모가 어디 있겠는가. 지금 화장실을 미리 가서 나중에 어려움을 겪게 되지 않기를 바라는 마음, 아이가 흥분하여 다치게 될까 염려하는 마음, 모두 사랑의 마음이다. 그러나 과연 표현도 그럴까?

"너 지금 화장실 안 가고 나중에 차 세워 달라고 하기만 해봐."
"그렇게 뛰다가 결국 다치지! 적당히 해라."

이런 표현을 듣고 '아 그럴 수도 있겠구나' 하고 깨달음을 얻으며 주의를 기울이는 아이는 거의 없다. 오히려 반대로 '안 다칠 수 있는데!' '화장실 안 가고 참을 수 있는데!' 하고 반항심이 올라온다.

협박하려는 의도는 없었지만 협박처럼 표현되는 말, 반항하려는 의도는 없지만 아이 마음에 생겨버리는 반항심은 결코 양육자가 원하는 방향이 아니다.

(스스로 좋은 행동을 선택하도록 이끌기)

이런 상황에서 필요한 표현법은 미래를 예측하는 한마디가 아니라 아이가 미래를 상상해 보고 스스로 선택할 수 있도록 이끌어주는 질문이다.

"이제 차를 타고 1시간 정도 가야 하는데, 출발하기 전에 뭐 필요한 거 없을까?"

명령형의 말과는 완전히 다른 표현이다. 아이가 선뜻 생각을 이어가지 못할 때는 예시를 주는 것도 좋은 방법이다.

"물 마시기, 손 씻기, 화장실 가기, 차에서 먹을 간식 챙기기 중에 지금 필요한 게 있으면 하고 나서 차에 타자."

"나는 출발하기 전에 화장실에 다녀와야겠다."

이렇게 여러 가지 선택지를 보여줄 수 있고, 모델링이 되어주는 것도 좋다. 화장실에 가고 싶은 마음이 없던 아이도 양육자를 따라 자연스럽게 화장실에 들어갈 것이다.

곧 물건을 떨어뜨릴 것처럼 불안해 보이는 아이에게도 표현을 바꿀 수 있다. "너 그러다 떨어뜨린다, 내려놔" 같은 부정적 예언은 아이에게 전혀 공감되지 않는다. 아이는 물건을 떨어뜨릴 계획이 없으니 말이다. 그렇게 무리해서 들다가는 물건을 떨어뜨릴 확률이 높다는 것은 어른들만 아는 사실이다.

"잠깐 멈춰볼래? 떨어뜨릴까 봐 걱정돼서 그래. 엄마가 어떻게 도와주면 좋을까?"

"좋아. 그럼 제일 위에 있는 거 하나를 내가 들어줄게."

"스스로 해볼 수 있겠어? 그래, 그럼 조심히 가보자."

이렇게 아이가 스스로 도움을 구하여 계획한 일을 수행할 수 있게 도와주거나 또는 옆에서 조언해 줄 수도 있다.

(실수를 경험으로 만들어주기)

아이가 실수를 통해 경험을 쌓아가고 학습하는 순간들은 굉장히 소중하다. "내가 그럴 줄 알았다" 하고 비아냥거리는 표현으로 성장의 순간을 부정적으로 만들지 말자. 양육자의 말대로 조심했지만 그래도 아이가 실수하는 날이 있다. 화장실을 다녀왔지만 금세 또 가고 싶어지는 날도 있다. 하지만 이때 어떤 일이 일어난 것을 '부모의 말을 안 들었기 때문'으로 연결하는 것은 좋은 학습이 아니다.

"아이고~ 조심했는데도 이렇게 됐네. 어떻게 했으면 좋았을까?"

"우리 다음엔 어떻게 해볼까?"

이런 질문형 표현을 통해 아이가 스스로 문제를 해결하기 위해 노력하도록 돕자. 그러면 아이는 단순히 다음에는 부모의 말을 잘 들어야겠다고 생각하는 것이 아니라 진짜 부족했던 점을 돌아볼 수 있고 해결 방법을 생각해 볼 수 있게 된다.

표현 정리하기

아이가 선택하도록 이끌기 + 실수는 경험으로 만들기

- 명령어보다는 아이가 스스로 선택하게 이끌기

잠깐 멈춰볼래? 넘어질까 봐 걱정돼서 그래. 내가 어떻게 도와주면 좋을까?

- 질문형 표현으로 실수에서 배움을 끌어내 주기

아이고~ 우리 조심했는데도 이렇게 됐네. 어떻게 했으면 좋았을까?

* 아이가 포기하지 않고 끝끝내 고집을 피우는 날도 있다. 이때 아이의 뜻대로 했다가 상황이 틀어졌다면 양육자의 대응이 중요하다. 왜 엄마, 아빠는 이런 상황을 미리 예측할 수 있는지, 그간 쌓아온 삶의 경험으로 아이를 돕고 싶은 마음을 부드럽게 전하자.

Chapter 2

간단하지만
놀라운 힘을 가진
10가지 긍정 표현

자기 주도력을 키우는 질문법

"우리 ○○(이)가 스스로 해볼 수 있을까?"

"아빠가 좀 도와주면 할 수 있을까?"

"이제 많이 컸으니까 스스로 해."

"혼자 할 수 있을 거야. 파이팅!"

이런 표현은 아이가 스스로 해내길 바라며 건네는 말이지만 왠지 이런 말 뒤에 아이들은 오히려 더 약한 모습을 보인다. "아니야 혼자 못 해, 엄마가 해줘" "잘 안 돼, 나 못 해" 하며 쉽게 포기해 버리는 일도 흔하다. 아이가 스스로 해내기를 바라는 응원이 분명한데 왜 원하는 결과로 연결되지 않을까? 이럴 때는 아이의 자기 주도력을 키워주는 마법의 질문을 던져보자.

어떤 질문은 응원이 되기도 한다. 물론 여기에는 몇 가지 요소가 숨어 있다. '스스로 할 수 있을 것 같긴 한데 어렵다면 얼마든지 내가 도와줄게'라는 지지를 담고 있어야 하며, 아이가 스스로 선택할 수 있도록 길을 열어줘야 한다. 두 번째 요소가 아주 강력한 역할을 한다. 아이가 스스로 할 수 있다고 결정하고 그것을 입으로 내뱉으면 이것은 일종의 선언이 된다. 아이는 자신이 한 선언을 향해 노력을 기울이게 된다. 실제로 내 수업을 들은 많은 양육자분들이 이 표현을 직접 적용하여 큰 효과를 봤다. 하루에도 수십 번씩 양육자를 찾던 아이들이 "이거 봐봐" 하며 자기 주도력을 키우기 시작했다는 후기를 들었다. 양육자는 그냥 묻기만 했을 뿐인데 말이다.

"할 수 있을까?"
"음… 이거 혼자서도 할 수 있겠어?"

누군가 긍정적인 기대를 담아 나를 바라봐 준다는 것은 아주 설레는 일이다. 양육자의 기대를 느낀 아이는 스스로 해보기를 주저하지 않고 여러 번 도전한다. 그럼 그 모습을 바라보며 응원하고 함께 기뻐해 주면 된다.

물론 주의할 점도 있다. 내심 '네가 좀 혼자 해라' 하는 마음으로 질문을 던졌다가 아이가 "아니야, 도와줘" 하며 오히려 더 아기처럼 구는 모습을 보이기도 한다. 아이가 스스로 하기를 바라는 게 잘못된 것은 아니지만 양육자가 어떤 뉘앙스로 말하느냐에 따라 차이가 있다. 아이는 그런 작은 요소들을 다 느낄 수 있다. 이런 표현은 어디까지나 아이가 스스로 해내길 바라는 기대로만 사용하면 좋겠다.

긍정적 의도로 사용했으나 못 하겠다는 아이의 반응을 들었을 때 어떻게 해야 할지 모르겠다는 질문도 많이 들었다. 이때는 보통 2가지 경우다.

1. 아직은 아이가 혼자 하기 어려운 상황
2. 할 수 있지만 여전히 도움을 바라는 마음

이때는 아이의 선택을 존중하며 인정해 주거나 대안을 주는 것이 좋다.

"아직은 혼자 하기 힘들구나."
"이렇게 조금 돌려주면 혼자 컵에 따라볼 수 있을까?"

아이가 할 수 있는 선까지만 도움을 주며 일을 한 층 쉽게 만들어주면 된다. 만약 바로 도움을 주기 어려운 상황이라면 있는 그대로 이야기하며 대안을 알려줄 수 있다.

"아직 혼자 하기가 힘들구나. 아빠가 도와줄 수 있는데 조금 기다려줘야 해. 다른 것을 먼저 하고 있어줘."

아이가 스스로 했으면 하는 마음이 아무리 크더라도 아이가 어려워할 때 한숨을 쉬거나 '그럼 그렇지' 하는 마음으로 대응하지 말고 상황을 정확하게 인지시키자.

아이에게는 어리광을 부리고 싶은 마음도 있지만 엄마, 아빠처럼 스스로 멋지게 해내고 싶은 마음도 있다. '나 이만큼 컸어' '이거 봐! 나 이거 할 수 있어' '나 이런 것도 알고 있어' 하는 커다란 마음이 아이 안에 있다. "할 수 있을까?"라는 마법의 질문은 아이 스스로 해내고 우쭐해 보일 수 있는 기회를 주는 표현이다. 양육자의 기대를 담은 표현을 통해 아이는 스스로 선택하고 도전하는 자기 주도력을 키워갈 수 있다.

생각할 기회를 건네주기

“한번 생각해 보자.”

“음~ 어떻게 하면 좋을까?”

“태풍이 뭐예요?“

“엄마, 이 장난감 잘 안 돼요.”

“양치 도와주세요.”

끊임없는 도움이 필요한 아이에게 부모는 척척박사나 다름없다. 또 이것저것 거침없이 해내는 영웅이기도 하다. 아이가 초롱초롱한 눈망울로 양육자를 대단하게 바라봐 주는 것은 고맙지만, 한계가 드러나는 것은 시간문제다. 사실 양육자는 모든 것을 다 알고 있는 만능 해결사가 아니니 말이다.

앞서 계속해서 강조했듯 양육자의 목적지는 아이가 양육자의 이야기를 귀담아듣되, 궁극적으로는 스스로 좋은 선택을 내릴 수 있게 하는 것이다. 많은 양육자들이 자기 주도력이 생기는 것은 초등 고학년이나 중학생은 되어야 가능한 일이라고 생각하지만 그렇지 않다. 오히려 어릴 때부터 스스로 생각하는 힘을 길러주지 않으면 나중에 더 힘들어진다.

(아이도 생각할 시간이 필요하다)

아이가 말을 할 수 있을 정도가 되면 양육자의 태도는 아이의 물음에 기민하게 반응해 주던 때와 달라질 필요가 있다. 아이의 질문이나 요구에 즉답하기보다는 "생각해 보자" 하고 아이에게 잠시 생각할 기회를 줘야 한다. 아이가 어떤 물건의 사용법을 모를 때, 망가진 것을 고쳐야 할 때, 혹은 할 일을 다 하고 다음에 무엇을 해야 할지 모를 때 등 많은 상황에서 아이에게 기회를 줄 수 있다. "이거 망가진 것 같아요"라는 아이의 말에 "정말? 어떻게 하면 좋을지 생각해 보자" 하고 말해줄 수 있다. 또 "나 양치 다 했는데 이제 뭐해요?"라고 묻는 아이의 말에는 "코 자려면 뭐부터 하면 좋을까?" 하고 답해주면 된다. 양육자가 영웅처럼 문제를 단번에 해결해 주는 것이 아니라, 아이와 함께 생각하고 방법을 찾고 해결하는 과정을 거치는 것이다. 그럼 아이는 자신이 해결했다는 뿌듯함을 느낄 수 있다.

사실 아이가 이미 답을 알고 있으면서 무의식적으로 묻는 경우도 많다. 아이가 부모에게 묻거나 의존하는 것이 당연한 일이 되지 않도록 생각하는 습관을 잡아주자.

생각하고 기여할 기회

더 나아가 양육자의 상황에 아이가 자신의 생각을 더해볼 수 있도록 하는 것도 좋다. "이따 마트에 가면 당근이랑 두부를 꼭 사야 하는데, 까먹지 않게 말해줘" 하며 막중한 역할을 나눠줄 수 있다. 양육자가 장을 보는 것과 상관없이 아이가 그저 마트에서 놀기만 하는 것이 아니라 가족의 일에 함께 참여하고 기여할 수 있게 하는 것이다.

하루 일과를 나누며 어른들의 세계에서 일어난 일을 아이에게 설명해 주고 이럴 땐 어떻게 하면 좋을지 의견을 묻는 것도 좋다. 아이 입장에서는 신나게 생각해 볼 흥미로운 주제를 만난 것이다. 생각도 습관이다. 자주 해본 사람이 더 잘한다. 아이와 함께 생각하고 그것을 말로 나누고, 그렇게 함께 결정한 결과를 함께 겪어보자.

한 가지 잊지 말아야 할 것은 역시 칭찬이다. "네가 같이 생각해 주니 너무 좋다" "잘 기억해 줘서 고마워, 덕분에 빠짐없이 할 수 있었네!" "○○(이)는 진짜 생각을 잘한다~" 등 다양한 칭찬으로 아이의 생각을 응원하자.

다양한 칭찬 기술 4가지

"잠깐 이제 보니 ○○(이)가 혼자서 밥을 다 먹었네?"
"다시 생각해도 아까 친구를 도와준 건 너무 멋있었어!"
"우와~ 장난감을 제자리에 둔 거야? 장난감 자리가 여기인 건 언제부터 알고 있었어?"

칭찬은 아이의 행동을 긍정 강화 하는 핵심 열쇠다. 이때 "잘했어"라는 단순한 칭찬도 좋지만 더 구체적으로 표현해 줄수록 좋다. 아이가 칭찬받을 만한 행동을 했을 때 칭찬해 주는 것은 초보자다. 고수는 아이가 칭찬받을 만한 행동을 할 수 있도록 상황을 만들어 유도한 뒤 칭찬으로 긍정 강화를 한다. 예를 들어 아이가 장난감 정리를 스스로 했을 때 칭찬해 주는 것은 초보자, 장난감을 정리할 생각이 없던 아이가 정리할 수 있도록 상황을 만드는 것은 고수다. 이때 양육자가 정리에 관련된 노래를 부르거나 누가 빨리 정리하는지 시합을 하면 아이는 얼떨결에 놀이하듯 정리하게 된다. 이때 양육자는 아이의 행동을 읽어주며 칭찬으로 연결해 준다.

"어머~ 이제 보니 스스로 정리를 다 했잖아? 정말 대단하다. 하이파이브!"

칭찬을 들은 아이는 신나는 분위기에서 '정리하는 건 좋은 일'이라고 학습하게 된다. 칭찬할 때 구체적으로 활용할 수 있는 다양한 표현법을 살펴보자.

(시간차 칭찬)

시간차 칭찬은 일정 시간이 지난 후 다시 한번 아이의 행동을 상기시키며 칭찬하는 것이다. 예를 들어 잘 준비를 다 마치고 침대에 누웠는데 불현듯 생각난 것처럼 아이가 했던 행동을 이야기할 수 있다.

"와~ 다시 생각해도 아까 ○○(이)가 정리 정돈 다 한 거 너무 멋있는 것 같아!"

또는 다른 사람에게 아이가 했던 행동을 소개하며 간접적으로 칭찬하는 방법도 있다.

"할머니, 어제 ○○(이)가 장난감 정리 혼자 다 한 거 아세요? 대단하죠?"

그 자리에서 한 번 칭찬하고 끝내는 것이 아니라 시차를 두고 다시 칭찬해 주는 것은 마치 복습을 통해 학습 내용을 오래 기억하는 것과 같다. 어떤 좋은 행동을 아이의 습관으로 만들고 싶다면 시간차 칭찬으로 다시 좋은 행동을 상기시켜 주자. 아이의 머릿속에 한 번 더 새겨질 것이다.

질문형 칭찬

아이에 행동에 눈을 동그랗게 뜨고 질문을 던져보자. 질문형 칭찬은 직접적인 칭찬은 아니지만 양육자가 깜짝 놀라 바라보는 것 자체가 아이에겐 엄청난 칭찬이 된다.

"와~ 블록 자리가 여기인 거 언제부터 알고 있었어?"

이런 표현법은 아이가 마음껏 우쭐할 기회를 준다. 아이 입장에서는 자신의 놀라운 능력을 자랑할 수 있는 절호의 기회인 것이다. 질문형 칭찬을 활용하다 보면 "나 원래 알았지~" 하며 다른 물건들도 척척 정리하는 아이를 볼 수 있을 것이다.

(감탄사 칭찬)

어떤 순간에는 그저 한마디 감탄사면 충분하다. 과정을 칭찬하거나 구체적인 행동을 칭찬하다 보면, 간혹 칭찬이 너무 길어지고 잔소리처럼 이어지는 경우도 있다. 또는 칭찬을 하면서 양육자가 하고 싶은 이야기, 아이에게 바라는 점 등을 연설하기도 한다. 그저 온전히 칭찬만 해주는 것은 아이가 생각해 볼 시간을 만들어주는 것과 비슷한 효과가 있다. 양육자가 단순하게 "이야~" 하는 감탄사만 내뱉으면 아이는 생각해 보다가 '내가 지금 잘한 거구나!' 하고 깨달을 수 있다. 다양한 칭찬법 중 어느 하나만을 계속해서 사용한다면 칭찬이 별것 아닌 것처럼 시시해지기 쉬우므로 다양한 표현법을 사용해 보자.

(스킨십 칭찬)

마지막 칭찬법은 입이 아닌 몸으로 전하는 칭찬이다. 양육자와 아이가 끊임없이 나눠야 하는 것 중 하나가 바로 스킨십이다. 한 번의 스킨십은 수많은 말을 이기며, 스킨십과 칭찬이 연결되면 강력한 시너지 효과를 내기도 한다. 아이가 한 행동을 기특해하며 아이를 품에 안아주거나 꼭 안고서 방바닥을 데굴데굴 굴러보자. 머리나 등을 쓰다듬기, 어깨를 토닥여 주기, 하이파이브를 나누기, 꼭 안아주기 등 양육자와 신체가 맞닿은 상태에서 기쁨의 감정을 나누는 것은 아이의 모든 감각을 활성화한다.

또는 아이와 나만의 스킨십을 만드는 것도 좋다. 남편과 연애하던 시절, 쑥스러움이 많은 남편은 스스로 사랑한다고 말하는 일이 드물었다. 그래서 남편의 배를 콕 찌르면 사랑한다고 말해주는 우리만의 약속을 만들었다. 나는 수시로 남편의 배를 찔렀다. 지금은 아이의 배를 자주 찌른다. 어느 날 왜 그러냐고 묻는 아이에게 "사랑해서 그러지" 하고 답해주었더니 그 이후로는 서로의 배를 콕콕 찌르는 것이 우리만의 스킨십이 되었다. 위에 소개된 다양한 칭찬법과 더불어 스킨십을 적극적으로 활용해 보기를 바란다.

경험과 감정을 먼저 공유하기

"엄마는 아까 속상한 마음이었어."

"아빠가 오늘 피곤한 일이 있었는데 ○○(이)가 안아주니 힘이 번쩍 나."

"아이를 인격적으로 대하셔야 합니다."

"아이에게 공감을 많이 해주세요."

올바른 육아법에 관심이 많은 사람이라면 육아서나 유튜브 영상을 통해 이런 말들을 많이 들어봤을 것이다. 도대체 아이에게 어떻게 공감해줘야 할까? 어떻게 인격적으로 대해야 할까? 아이를 인격적으로 대하는 아주 좋은 방법 중 하나가 바로 양육자의 감정을 공유해 주는 것이다. 보통 양육자는 아이에게 자신의 감정을 깊게 설명하지 않는다. 상대가 아이이기 때문이다. 그런데 아이일수록 오히려 더 잘 설명해 줘야 이해할 수 있다.

많은 육아 멘토들이 아이에게 공감하라고 조언하지만 실천이 어려운 건 아이가 자신의 마음을 언어로 쉽게 표현하지 못하기 때문이다. 이때 양육자는 아이가 무슨 생각으로 저런 행동을 하는지 유추해야 하므로 공감하기가 어렵다. 그런데 아이도 마찬가지다. 양육자가 잘 표현해 주지 않으면 아이는 양육자의 마음을 '제대로' 알기가 어렵다.

양육자가 먼저

"사실 난 아까 ○○(이)가 무슨 마음인지 잘 몰랐어."
"오늘은 노력해도 잘 안 되는 일이 있어서 너무 피곤했어."
"네가 그렇게 말해주니 엄마 마음이 너무 좋더라."

감정을 언어로 표현하는 것은 어른에게도 익숙하지 않은 일이다. 하지만 양육자가 부드럽게 자신의 감정을 꺼내어 아이에게 공유하면 서로에 대한 이해를 높이고 좋은 관계를 맺을 수 있다. 특히 서로 각자의 시간을 보내다가 만났을 때, 하루 일과로 지쳐 기분이 좋지 않을 때, 하루를 마치고 함께 집으로 돌아올 때는 양육자가 아이와 진솔한 대화를 나누기 좋은 타이밍이다. 또 아이와 대치하다가 일정 시간이 지났을 때, 아이의 행동을 다시 칭찬해 주고 싶을 때도 양육자가 자신의 감정을 공유할 수 있다.

퇴근 후에도 정리되지 않은 일들이 머릿속에 가득해 복잡한 표정을 짓고 있거나 다른 생각에 빠져 본의 아니게 퉁명스러운 목소리가 나가는 순간, 아이가 양육자의 상태를 살피고 추측하는 것은 어려운 일이다. "나는 오늘~"로 시작하여 지금 자신이 어떤 상태인지, 어떤 기분인지를 아이에게 공유하자. 아이가 자신에게 있었던 일을 이야기할 때는 "멋지다" "그랬구나" 같은 표현과 함께 공감해 주자.

> "오늘 유치원에서 발표를 씩씩하게 잘했다고 하니 아빠도 기분이 정말 좋다! 아빠는 어렸을 때 발표하면 엄청 떨리고 그랬어. 발표하러 나갔다가 울어버린 적도 있다니까? ○○(이)는 떨려도 멋지게 해냈으니 정말 대단해!"

양육자가 자신의 경험, 감정을 공유하면 훨씬 풍성한 공감이 되고 깊은 나눔이 된다. 아이가 묻는 말에 대답만 하다 하루를 흘려보내지 말고 양육자가 자신에 대해 이야기하는 시간을 늘리면 좋겠다.

가끔은 친구처럼 말하기

"내가, 내가 할래!"

"나도 나도! 나도 먹어보고 싶어."

"우와~ 이거 멋지다! 나도 한번 해봐도 돼?"

엘리베이터 버튼을 먼저 누르겠다고 뛰어가는 아이 뒤로 조심하라는 양육자의 목소리가 들린다. 아이를 위험으로부터 보호하는 것은 양육자의 중요한 역할이다. 양육자의 역할에는 참 여러 가지가 있다. 아이의 건강과 안전을 챙기고, 좋은 습관을 만들어주고, 학습 파트너가 되어주기도 하고, 인생 선배로서 조언해 주기도 한다. 이런 다양한 역할 중에서 많은 부모가 하고 싶은 역할은 바로 '친구 같은 부모'다. 같이 학교에서 시간을 보내고, 길을 걷다 떡볶이를 사 먹고, 별것 아닌 농담에 함께 깔깔 웃고, 같은 연예인을 좋아하는 그런 끈끈한 친구 같은 역할 말이다.

하지만 아이가 성인이 되어서도 양육자와 친구처럼 편안한 사이를 유지하는 것은 흔한 일이 아니다. 이는 아이가 함께 보내는 수많은 시간을 양육자가 어떤 표현으로 채우고 어떤 역할을 수행했느냐에 달려 있다. 아이와 친구처럼 편안한 사이를 만들어주는 표현을 알아보자.

(같이하고 싶어 하는 친구처럼)

아이가 간식을 먹을 때 "단 건 너무 많이 먹으면 안 돼" 하고 규칙을 정해줄 수도 있지만, "나도 먹어보고 싶어, 한 개만 남겨줘" 하고 간식을 탐낼 수도 있다. 버튼을 먼저 누르려고 엘리베이터로 뛰어가는 아이의 뒤에서 "내가 할래!" 하고 따라갈 수도 있다. 어색할 것 같지만 막상 해보면 의외의 즐거움을 마주할 것이다. 아이는 깔깔 웃으며 더 열심히 뛰고 양육자는 잠시나마 아이 같은 목소리를 내며 친구가 되는 순간이다. "오늘은 내가 누르고 싶어" 하며 아이와 함께 뛰다가도 "넘어질 것 같아, 조심히 뛰어야 해" 하고 말하거나 넘어질 것 같은 아이를 잡아줄 수도 있다. 함께 장난치고 노는 친구면서 좀 더 할 줄 아는 게 많은 선배처럼 도움을 주는 것이다.

누군가 내가 하는 일에 관심을 보일 때 우리는 기분이 좋아지고 나의 행동에 자신을 갖게 된다. 아이가 하는 일을 흥미롭게 바라보고 함께해 보고 싶어 하는 것은 관심과 호기심을 명확히 표현하는 일이다.

이런 표현은 아이와의 놀이 시간에 많이 사용하면 좋다. 놀이 시간은 아이가 주도성을 발휘하는 시간이다. 아이는 장난감을 마음껏 만지고 이리저리 변형도 해보며 자신의 상상력을 펼친다. 아이가 만든 일반적이지 않은 기찻길을 보며 칭찬해 주는 부모의 역할도 좋지만 친구 같은 표현으로 반응해 보면 어떨까?

"우와~ 이거 멋지다! 나도 한번 해봐도 돼?"

양육자의 관심과 호기심에 뿌듯해진 아이는 양육자에게 놀이에 참여할 것을 허가해 줄 것이다. 놀이에서 아이가 리더십을 발휘하는 순간이다. "좋아, 이건 이렇게 하는 거야" "부서질 수 있으니까 천천히 해야 돼, 조심" 이렇게 아이가 양육자가 평소에 하던 말을 하며 놀이를 이끄는 모습을 볼 수 있다.

가정 안에서 일어나는 대부분의 일은 양육자가 리더로, 아이의 참여를 허가하거나 통제하는 경우가 대부분이다. 하지만 놀이 시간에 양육자가 친구가 되는 말을 사용하면 역할을 바꾸어보는 기회가 된다. 아이는 이렇게 친구 같은 역할까지도 수행해 주는 양육자를 더 좋아한다. 아이가 양육자를 더 좋아하게 된다는 것은 육아 중 일어나는 여러 상황에서 아이를 리드하는 일이 훨씬 수월해진다는 뜻이다. 잠깐 리더십을 넘겨주고 친구처럼 다가갔을 뿐인데 말이다.

아침에 하기 좋은 사랑 표현

"어머, 나 너를 너무 사랑하나 봐. 어떡해?"
"오늘은 어제보다 ○○(이)를 더 사랑하는 것 같은데 어떡하지?"

아침에 눈을 뜬 아이에게 제일 처음으로 건네는 말이 무엇인지 잠깐 생각해 보자. 간단한 아침 인사나 가벼운 사랑 표현? 바쁜 아침 일정을 이끌어가는 말일 수도 있다. 위의 표현들은 아침을 시작하면서 사용하면 좋은 뇌 과학적인 사랑 표현의 말이다. 아침 인사를 하는데 무슨 뇌 과학까지 필요한가 생각할 수 있지만, 어려운 방법도 아닌데 좋은 표현이 있다면 사용하지 않을 이유가 없다. 작은 차이가 쌓이면 큰 변화를 만드는 법이다.

질문은 우리의 뇌를 움직이게 만든다. 뇌는 문제를 만나면 이를 해결하고자 바쁘게 움직이고, 질문을 들으면 답을 말하기 싫어도 이미 뇌는 바쁘게 돌아간다. '내일 할 일'이라는 주제로 일정을 적는다고 생각해보자. 대부분 줄을 먼저 긋고 줄 위에 할 일을 하나씩 적는 방식을 사용할 것이다. 줄이 그어지면 우리 뇌는 바쁘게 그 줄 위에 답을 적고 싶어 생각을 활성화한다. 실제로 학습 촉진법에서도 생각이 잘 안 날 땐 먼저 노트에 줄을 그으라고 조언한다. 두뇌를 더 활성화하는 방법이기 때문이다.

이른 아침 '더 자고 싶어' '유치원 가기 싫어' '일어나라는 소리 듣기 싫어'라는 생각이 아이의 뇌를 먼저 지배하기 전에 사랑스러운 질문을 던져보자. 그럼 아이의 뇌는 행복한 문제 해결을 이어간다. 이렇게 아침을 시작하는 아이라면 단단한 자존감이 형성되는 것은 당연한 일이다. 이런 표현은 부모의 일과를 따라다녀야 하는 날이나 조용히 있어야 하는 결혼식 같은 일정을 마치고 난 후에 활용할 수도 있다.

> "와~ 오늘 ○○(이) 진짜 멋졌어. 큰일 났어! 점점 너를 더 사랑하게 되는데 어쩌면 좋아?"

지루하다, 재미없다 같은 부정적인 감상이 아이의 뇌를 지배하기 전에 사랑이 가득한 질문을 던져주는 것이다. 아이는 '이쯤이야 내가 잘할 수 있지' 하며 으쓱해하거나, '내가 뭘 했기에 엄마가 날 더 사랑하게 된 걸까?' 하며 자신이 한 행동을 다시 떠올려볼 수 있다.

가끔 이런 사랑 표현이 너무 과한 것은 아니냐는 질문을 받기도 한다. 전혀 과하지 않다. 우리가 평생 사랑을 언어로 표현할 수 있는 방법은 생각처럼 많지 않다. 아이에 대한 사랑을 아끼지 말고 더 자주 다양한 방식으로 표현하자.

"

즐거운 기상을 만들기

"

"굿모닝~ 아 맞다! 우리 오늘 유치원 갈 때 뭐 챙기려고 했었지?"
"아침에 빵 먹는다고 했었나? 밥 먹는다고 했었나? 어제 뭘로 정했었지? 일단 빵으로 준비한다!"
"아, 어제 맞추던 블록 우리 완성했었나?"

몇 번을 불러도 침대에서 꿈쩍도 안 하는 아이에게 양육자의 언성이 높아지는 것은 당연한 수순이다. 정해진 일정이 있는 바쁜 아침이라면 양육자는 나 혼자만 분주한 것 같아 화가 나기도 한다. 이런 상황이 매일같이 반복된다면 보통 스트레스가 아니다. 사실 양육자의 말을 못 들은 척하며 몸을 비비고 있는 아이도 편한 것은 아니다. 일어나야 하는 것은 알지만 일어나고 싶지 않은 몸, 이러다가 곧 엄마, 아빠가 화를 낼 것만 같은 불안한 마음을 품고 있다.

앞에서 소개한 사랑 표현은 함께 늘어지게 늦잠을 자고 일어났거나 주말 아침처럼 여유 있는 시간에는 잘 사용할 수 있는 표현이다. 하지만 일상에서 대부분의 아침은 바쁘게 돌아간다. 일어나라고 외칠 수밖에 없는데 어떻게 다른 좋은 수가 있단 말인가. 하지만 양육자가 표현을 조금만 바꾸면 기상이 훨씬 수월해진다. 질문을 하면 답을 찾기 위해 활성화되는 뇌를 다시 떠올려보자. 뇌가 활성화되면 몸은 움직인다. 잔소리는 뇌를 활성화하는 좋은 도구가 아니라는 점을 늘 인지해야 한다. 아이가 생각하고 싶은 질문, 꼭 답하고 싶게 만드는 질문, 기여하고 영향력을 발휘하고 싶은 질문을 던지는 것이 훨씬 효과적이다.

(아이를 깨우는 질문)

침대에서 꼬물거리던 아이가 달려와서 대답하고 싶은 욕구를 마구 자극하는 질문을 던져보자. 아이가 잠에서 깼지만 벌떡 일어나지는 못할 때 사용하면 좋은 방법이다. 분주하게 준비하며 힘찬 목소리로 이것저것 아이에게 질문을 던지는 것이다.

> "오늘 선생님이 원복 입으라고 했었나? 나는 자꾸 깜빡하네. 오늘 체육 시간이 있나?"

이렇게 질문하면 아이는 "아니, 오늘 아니고 수요일!" 하고 대답하고 싶은 욕구가 마음에 가득해진다. 만약 대답까지 끌어냈다면 성공이다.

"맞네. 수요일이구나. ○○(이)가 잘 챙겨줘서 든든하네.
아침 준비 다 되어가. 세수하고 식탁에서 만나자."

질문에 답을 내놓은 아이를 칭찬하며 다음 할 일로 자연스럽게 이끈다. 이런 질문은 바쁜 아침을 보내면서 큰 목소리로 아이에게 들리게 말해주면 된다. 그럼 아이는 잔소리하는 양육자를 미워하며 일어나는 것이 아니라 더 자고 싶은데도 일어나서 도움을 주었다는 뿌듯함을 느끼게 된다.

매일 그렇게 해도 효과가 있냐는 질문을 많이 받는다. 어느 순간 아이가 "날 깨우려고 질문하는 거 다 알아" 하며 짜증 내거나 안 일어날 수도 있지 않느냐고 말이다. 나는 지금도 이런 질문으로 아이를 깨우고 있는데 여전히 잘 통한다. 이제는 내가 아침에 하는 질문이 곧 일어나야 한다는 사인으로 전달되어 아이가 자연스럽게 잠에서 깬다. 아이를 믿자. 부모가 원하는 좋은 행동이 어떤 것인지 알고 행동할 것이다. 멋진 아이가 되고 싶은 것이 아이들의 기본적인 마음이기 때문이다.

“

선택지 안에서 고르게 하기

”

“옷부터 갈아입을까? 손부터 씻을까?”

“빨간 점퍼랑 파란 코트 중에 어떤 걸 입을지 골라줄래?”

많은 양육자가 일상에서 아이에게 선택권을 나눠주려 노력한다. 하지만 선택권을 주면 아이는 한겨울에 여름옷을 입겠다고 고집을 부리는 것처럼 황당한 선택을 하고 양육자의 마음은 답답해진다. 사실 아이에게 물어보기 전에 이미 양육자의 마음에는 답이 있을 때가 많다. 즉 어느 정도의 선은 정해져 있는데 선택권만 아이에게 준 것이다. 하지만 자유분방한 아이는 양육자가 생각하는 경계를 완전히 벗어나곤 한다.

아이가 직접 선택해 보는 경험은 중요하다. 자신의 의지로 결정하며 여러 결과를 맛볼 수 있기 때문이다. 이런 경험치가 많이 쌓일수록 좋은 선택에 대한 기준을 잘 세울 수 있다. 그러므로 아이가 스스로 선택할 수 있도록 이끌어주는 것은 육아에서 중요한 과정이다. 아이의 선택은 양육자가 반영해 주어야 의미가 있다. 아이가 어떤 것을 골랐는데 "그렇구나" 하고 인정만 해주고 실제로는 다른 것을 구입하면 아이의 선택은 아무 의미가 없어진다. 이런 과정이 반복되면 도리어 상처로 남을 수 있다.

그럼 아이에게 선택의 기회를 내어주면서 아이의 결정이 최종적으로 반영되려면 어떻게 하면 좋을까? 의사 결정의 리더인 부모가 허가해 줄 수 있는 범위 안에서 아이가 선택할 수 있도록 만들어주는 것이 필요하다. 아이가 양육자의 바운더리를 먼저 알게 해주자.

바운더리를 정해주고 선택권 넘겨주기

양육자가 몇 가지 선택지를 제안한 뒤 최종 선택권을 아이에게 넘겨준다. 즉 객관식으로 선택을 돕는 것이다. 아이가 고심 끝에 선택하면 반영해 주면 된다.

> "오늘은 날씨가 추우니까 따뜻하게 입어야겠다. 여기 빨간 점퍼나 파란 코트 중에서 어떤 걸 입을지 골라줘. 빨간 점퍼? 그래. 오늘 날씨랑 딱 어울린다!"

그럼 아이는 자신이 한 선택에 자신감을 갖게 된다. 저녁 시간에 해야 할 일을 나열한 뒤 아이가 순서를 정해보도록 하는 것도 좋은 방법이다. 잠시 소파에 앉아 숨을 돌리며 아이와 이후 일정에 대해 이야기하는 시간을 가져보자. 옷 갈아입기, 밥 먹기, 책 읽기, 장난감 가지고 놀기 등 생각나는 여러 옵션들을 꺼내고 무엇부터 어떤 순서로 할지 아이가 정하도록 한다. 만약 옷 갈아입기가 가장 마지막 순서로 가는 일이 없도록 하고 싶다면 바운더리를 알려준다.

> "집에 오면 옷부터 갈아입기로 한 거 기억나지? 그럼 옷을 갈아입고 나서 뭐부터 할지 ○○(이)가 정해봐. 정한 순서대로 해보자."

자신에게 일정한 권한이 주어지는 것을 인지한 아이는 양육자를 훨씬 더 수월하게 인정하고 따를 수 있다. 양육자가 혼자서 모든 것을 일방적으로 결정하고 지시하는 것이 아니라, 자신에게 꼭 필요한 것은 챙겨주면서도 선택권을 나눠준다는 것을 알기 때문에 아이는 양육자의 말을 편안하게 따른다.

둘만의 비밀 사인

"레드! 레드!"

"아침엔 두 배속 슈퍼 카 모드로! 슈웅~"

아이가 좋아하는 일을 하도록 이끄는 것은 비교적 수월하다. 뛰고 싶은 아이를 멈추는 것이나 아직 더 놀고 싶은 아이를 움직이게 하는 것처럼 아이가 원하지 않는 다른 일로 이끄는 것이 어렵다. 그런 순간 양육자의 잔소리가 늘어난다. 때로는 호통 외에는 방법이 없다고 생각되기도 한다. 같은 양육자로서 답답한 마음이 드는 것은 이해되지만 어려운 일을 유연하게 해내는 것이 진짜 고수다. 아이들이 재미에 반응한다는 것을 다시 한번 떠올리자.

아이의 행동을 통제하고 싶을 때는 양육자와 아이만의 '비밀 사인'을 만들면 유용하다. 물론 급한 상황에서는 예외다. 또 급하지 않을 때 매 순간 비밀 사인을 사용할 필요는 없다. 말 그대로 하나의 기술이다. 양육자가 사용할 수 있는 기술이 많으면 많을수록 육아는 부드럽고 유연한 방향으로 흘러간다.

나와 내 아이의 비밀 사인은 "레드"라고 외치면 누구든 그 자리에서 멈추는 것이다. 나는 아이에게 놀이를 통해 "레드"가 멈추라는 뜻임을 재미있게 알려주었다. 그리고 이를 활용하여 언제든 "레드"라고 외치면 그 자리에서 멈추기로 아이와 약속했다. 일상생활에서 특별한 이유가 없더라도 "레드"라고 외치며 자연스럽고 재미있게 학습하도록 했다. 그다음 아이의 행동을 멈추고 싶은 순간에 이를 사용했다.

"레드! 레드!"

나는 아이가 과자 부스러기를 옷에 묻힌 상태 그대로 방으로 뛰어가려고 할 때 자주 사용했다. 이런 비밀 사인을 사용하면 아이는 양육자에게 제재를 당하는 것이 아니라 함께 노는 것처럼 느낀다. 그럼 부정적 단어나 잔소리를 사용하지 않고 일을 쉽게 만들 수 있다. 그 상황을 하나의 즐거운 놀이처럼 만들어주는 표현을 사용하자.

"흘린 과자를 치우러 청소차가 옵니다. 옷에 떨어진 과자를 잘 털고 움직여 주세요~"

이렇게 말해준 뒤에 양육자는 청소차 소리를 내며 빠르게 아이 옷에 묻은 과자를 털어주면 된다. 물론 아이의 인내심은 길지 않으므로 빠르게 전개하도록 한다.

"이제 됐어요. 출발하세요. 슈웅~"

이때 아이는 양육자가 굳이 긴 설명을 하지 않아도 '옷에 묻은 것을 잘 털고 움직여야 하는 거구나' 하고 학습한다. 이렇게 몇 번 하고 나면 나중에는 아이가 과자를 먹고 나면 알아서 "레드"라고 외친다.

또 다른 예시로 나는 차를 좋아하는 아이의 성향을 반영하여 '슈퍼 카 모드'라는 비밀 사인을 만들었다. 아이의 목 뒤에 버튼이 있는 것처럼 비밀번호를 누르면 슈퍼 카 모드가 발동되면서 아이가 행동을 두 배로 빠르게 하는 것이다. 바쁘게 움직여야 하는 아침 시간에 적격이다. "우우웅!" 하는 소리와 빨라지는 목소리 연출과 함께 사용하면 더욱 효과적이다. 다시 한번 강조하지만 아이들은 재미있으면 반응한다.

아이가 부끄러움이 많아 사람들 앞에 서는 것을 유난히 힘들어하던 시기가 있었다. 유치원에서 발표해야 할 때는 그대로 얼어붙어 친구들 뒤로 숨기 일쑤였다. 나는 힘내라고 속삭이거나 응원을 보내기도 어려운 먼발치에서 그저 아이를 바라만 봐야 했다. 혹시나 아이가 볼까 싶어 엄지만 열심히 치켜 올려주곤 했는데, 우리는 이것을 우리만의 비밀 사인으로 만들었다.

> "너무 부끄럽거나 떨릴 때는 엄마가 코 옆에 손가락을 하나 대고 있을게. 네 옆에는 너를 응원하는 엄마가 있다는 뜻이야."

코는 아이를 뜻하고 손가락은 엄마를 뜻해서 '네 옆에는 너를 응원하는 엄마가 있어'라는 의미로 정했다. 응원하고 있으니 힘내라는 메시지를 아무도 모르게 우리끼리 주고받을 수 있는 것이다. 이런 비밀 사인을 활용하면 단순히 아이를 응원하는 말보다 더 깊은 의미를 전달할 수 있다. 아이는 아주 특별한 응원을 받고 있다는 생각이 든다.

구체적인 생각을 도와주는 질문법

"미술 시간에는 어떤 게 좋았어?"

"바나나의 어떤 점이 마음에 들었어?"

"엄마가 좋아? 아빠가 좋아?"

요즘은 이런 질문을 하는 양육자들이 많지 않을 것이라 생각한다. 그런데 사람 마음이 참 우습다. 별로 좋지 않은 질문이라는 것을 알면서도 못 참고 나 또한 아이에게 몇 번은 물어봤던 것 같다. "엄마가 세상에서 제일 좋아!"라는 말을 듣고 싶었던 걸까. 아이의 답변을 듣고 나면 괜스레 미안한 마음에 아빠의 칭찬을 잔뜩 이어갔던 기억이 난다.

양육자는 우위를 따지는 질문을 무의식적으로 많이 사용한다. 아이가 조잘조잘 유치원에서 있었던 일들을 이야기하면 어느새 어떤 친구랑 가장 친한지, 어떤 반찬이 제일 맛있었는지, 가장 재미있었던 활동은 무엇이었는지 등 우위를 나열하게 만드는 질문을 던지게 된다. “난 다 좋은데…” “둘 다 재미있었는데…” 하는 아이의 답에 그래도 좀 더 좋은 것을 골라보라며 다시 묻기도 한다. 이런 질문의 바탕은 양육자의 관심이다. 아이가 선호하는 활동은 무엇인지, 무엇을 가장 좋아하는지, 어떤 성향인지 등을 알고 싶은 마음에 저울질하는 질문을 던지는 것이다. 비교형 질문은 하나를 선택하고 다른 하나는 뒤에 놓게 만든다. 여러 가지를 선호하도록 이끄는 것이 아니라 가지치기 방식으로 선호하는 것을 줄이는 방법이다.

(어디에나 좋은 점은 있다)

좋은 질문은 ‘무엇이 더 좋은지’보다 ‘어떤 점이 좋은지’를 구체적으로 묻는 질문이다. 양육자가 구체적으로 물어봐 주면 아이는 좋은 점을 말로 표현해 볼 수 있고 차이점도 스스로 깨달을 수 있다.

“오렌지는 새콤해서 좋고 바나나는 부드러워서 좋아.”

이런 답을 이끌어내면 “어? 전에는 바나나가 더 좋다고 했었잖아” 라고 말할 일은 없어진다. 유치원에 다녀왔을 때는 그날 아이가 한 여러 활동들의 어떤 점들이 좋았는지를 물어보면 좋다. “체육 시간은 어떤 게 좋았어?"라고 물으면 아이는 뛰어놀아서 좋다고 답할 수도 있고, 그 시간에 있었던 재미있는 에피소드를 들려주기도 한다. "정말? 미술 시간은 뛰지 않는데도 좋아?" 하고 물으며 아이가 다양한 답을 할 수 있도록 연결해 줄 수 있다. 종종 "오늘 뭐가 제일 좋았어?"라는 질문이 튀어나오더라도 자연스럽게 이어가자. 아이가 단답형으로 말하지 않도록 이유를 물어봐 주면 된다.

Chapter 3

가장 흔한 육아 상황에 현명하게 대처하는 10가지 표현

자꾸 떼쓰는 아이에게 화가 날 때

"계속 떼쓰면 나도 화가 날 것 같은데."

"이제 그만 멈추지 않으면 나도 화를 낼 거야. 뚝 그칠 수 있게 손 잡아줄까?"

육아 상담을 하다 보면 올라오는 화를 어떻게 해야 하는지에 대한 질문을 상당히 많이 받는다. 물론 꾹꾹 참는 것만이 답은 아니다. 그러나 상대는 우리와 체급이 다른 '아이'라는 것을 꼭 기억해야 한다.

잘 생각해 보면 양육자는 자신의 화를 어느 정도 예측할 수 있다. 이대로 가다가는 곧 펑 하고 폭발할 것을 말이다. 물론 그것을 아이에게 말로 미리 설명하는 것이 익숙한 일은 아니다.

(미끄럼틀을 떠올리기)

계단으로 천천히 올라가서 빠르게 내려오는 것이 미끄럼틀의 특징이다. 아이에게 화가 날 때 갑자기 끓는 물처럼 버럭 하는 것은 좋지 않다. 화가 날 땐 천천히 계단을 오른다고 생각하자. 나의 화를 시각화하여 한계치까지 올라가고 있음을 인지하고 아이에게 말로 설명해 주는 것이다.

"조금 더 기다려줄게. 그런데 아빠도 벌써 화가 이만큼 올라왔어."

이때 중요한 것은 화가 폭발할 것 같은 상태는 아니어야 한다는 점이다. 조금씩 화가 나려는 상태에서 상황을 알려주고 아이의 행동 수정을 요청하는 것이 핵심이다. 부모의 경고를 들으면 아이는 자신의 행동을 수정하고 싶지만, 마음과는 다르게 어찌해야 할지를 몰라 아무런 행동을 못 할 수도 있다. 그러므로 경고 메시지에는 도움의 손길을 함께 포함하는 것이 좋다.

"소리 지르는 거 멈추고 싶으면 말해줘."
"가서 휴지 가져오면 그만 울겠다는 말로 알게."

이렇게 간단한 도움의 손길을 내밀어 아이가 필요할 때 얼마든지 도와줄 마음이 있음을 알려주는 것이다. 처음에는 아이에게 이런 메시지가 전달되지 않을 수 있다. 아이는 더 크게 떼쓰는 것만이 자신의 요구가 이뤄질 수 있는 방법이라고 생각하기 때문이다. 하지만 이 방법을 지속적으로 사용하여 아이가 메시지를 인지할 수 있게 해주면 점점 아이는 양육자가 계단을 끝까지 올라가기 전에 행동을 멈추려 노력할 것이다. 아이가 말을 알아듣고 자신의 행동 수정을 도와달라는 사인을 보낸다면 얼른 아이의 편이 되어 도와주고 그 선택을 칭찬하자.

"그래 도와줄게. 엄마랑 같이 해보자. 숨을 크게 쉬어보는 거야. 이렇게 뚝 그치려고 노력하는 모습 너무 멋지다."

이런 과정을 통해 아이는 양육자의 지지를 받으며 안 좋은 행동을 좋은 행동으로 바꿔가는 성공 경험을 쌓을 수 있다.

화낼 때 기억해야 할 것들

마음을 가다듬고 아이에게 여러 번 양육자의 상태를 알려주었음에도 불구하고 아이가 계속 떼를 써서 참았던 화가 터져버릴 때가 있다. 그래도 괜찮은 것인지 질문을 많이 받는데 양육자도 사람인지라 어쩔 수 없다. 화를 무조건 참는 것보다 잘 표현하고 잘 수습하는 것이 더 중요하다. 다만 이때 기억할 것이 있다.

1. 아이와 나는 체급이 다른 선수다.
2. 불공평한 싸움은 하지 않는다.

아이와 양육자의 몸무게 차이는 얼마나 될까? 삶의 연륜은 또 얼마나 다를까? 사용할 수 있는 언어 표현이나 감정을 관리하는 능력은? 모든 것에서 훨씬 앞서 있는 양육자는 화를 내는 대상이 세상에 막 던져진 '아이'라는 것을 인지해야 한다. 찰나의 순간에도 이것을 기억한다면 자신의 화를 있는 그대로 아이에게 쏟아내는 아찔한 경험은 피할 수 있을 것이다.

두 번째로 피해야 하는 것은 '불공평한 싸움'이다. 아래의 표현들이 대표적이다.

"계속 그렇게 하면 다시는 밥 안 줄 거야."
"그렇게 계속 말 안 들으면 이제 네 아빠 안 할 거야."
"알아서 해. 나 혼자 갈 거야."

아직 혼자 집으로 찾아갈 수 없는 아이에게 양육자가 이렇게 엄포를 놓는 것은 불공평함을 넘어 비겁한 방법이다. 양육자가 떠나버리면 아이는 두려워지고 결국 백기를 들 수밖에 없다.

키도 덩치도 큰 사람이 작은 사람의 머리를 밀면서 “덤벼봐” 하는 장면을 떠올려보자. 체구가 작은 사람은 상대가 뻗은 손에 가로막혀 앞으로 나가지 못하고 손만 허우적거릴 것이다. 이런 모습은 마치 조롱하는 것처럼 보인다. 불공평한 싸움을 한다는 것은 이렇게 아이를 무력하게 만드는 것과 같다. 아이가 스스로 생각하고 결정해서 행동을 수정하는 것이 아니라, 두려움에 복종하게 만드는 방법이다. 이런 순간이 반복되면 아이가 필요 이상으로 위축되거나 속으로 분노를 쌓기도 한다. 아무리 화가 나는 상황이라 하더라도 ‘보호자로서의 역할’은 지켜내야 한다.

(아이가 물건을 던지며 화낼 때)

화를 주체하지 못하는 아이라면 말로 공지를 하고 행동 교정을 몸으로 도와주는 것이 좋다.

> “던지는 건 안 좋은 행동이야. 스스로 멈출 수 없을 것 같으면 내가 손을 잡아서 도와줄 거야.”

행동하기 전에 먼저 아이에게 공지하는 것이다. 양육자의 행동이 아이를 제압하려는 것이 아니라 멈추는 것을 도와주기 위함임을 알려줘야 한다. 필요에 따라 양육자가 아이의 손을 잡아 던지는 행동을 멈추고 진정할 수 있게 도움을 준다. 아이의 손을 잡고 함께 크게 숨을 쉬거나 진정될 때까지 안아주는 것도 좋다. 물건을 던지지 않을 수 있을 때 알려달라고 하며 아이가 스스로의 상태를 표현할 수 있도록 하는 것도 중요하다. 행동을 멈추었다면 "이렇게 진정한 건 너무 잘 했어" 하고 안 좋은 행동을 멈춘 것에 대해 인정해 주자. 가르침은 그 다음이다. 아이가 배울 수 있는 마음의 준비가 전혀 안 되었을 때는 가르침이 무익하기 때문이다.

미끄럼틀을 타고 내려오기

미끄럼틀의 핵심은 타고 내려오는 데에 있다. 계단을 올라가고 있음을 알리는 경고에 아이가 행동을 수정하면 가장 좋겠지만, 그렇지 못해 결국 화를 낸다면 이제 가장 중요한 것은 어떻게 빠르게 미끄럼틀을 내려올 것인가이다. 결국 화내는 부모를 보고서야 자신의 행동을 수정하는 아이라 하더라도 중요한 것은 행동을 수정하기로 결정했다는 점이다. "안 그럴게" 같은 의사 표현으로 아이가 자신의 떼를 멈추기로 표현했다면 미끄럼틀을 타고 어서 내려오자. 간혹 아이가 백기를 들고 난 후에 기다렸다는 듯 더 큰 잔소리를 퍼붓는 경우가 있다.

> "그러니까 좋은 말로 할 때 잘하라고 했어? 안 했어?"
> "다시는 너랑 이런 데 오나 봐. 한 번만 더 그랬다간 제대

로 혼날 줄 알아."

"이제 조용히 하고 따라와. 어디서 소리를 지르고 울어."

이런 말들에 기가 잔뜩 죽은 아이는 완전히 패배자 같은 모습으로 부모 앞에서 작아질 수밖에 없다. 양육자도 사람인지라 참다 참다 터진 '화'라는 감정을 금방 꺼트리기 쉽지 않다. 하지만 언제나 양육자가 리더다. 방향을 정하는 것도, 분위기를 만드는 것도, 가르침을 이끄는 것도 양육자의 몫이다. 아이가 잘못을 뉘우치고 행동을 수정했다면 다시 즐거웠던 상태로 빠르게 돌아오기 위해 노력하자. 스킨십을 사용하는 것도 좋다. 잠깐 서로 간지럼을 태우거나 아이를 안고 방 안을 뒹굴 뒹굴 함께 구르는 것도 좋다.

아이가 고집을 피우지 않고 바른 행동을 하면 다시 행복한 상태로 돌아올 수 있다는 것을 학습할 수 있어야 한다. 아이 입장에서는 어렵게 고집을 꺾고 울음을 멈추었는데 그 뒤에 "조용히 따라오기나 해!" 같은 말을 듣는다면 바른 행동에 대한 긍정 강화가 일어나기 힘들다. 원상태로의 복귀가 빠르면 빠를수록 아이는 자신이 좋은 행동을 하는 것이 얼마나 긍정적인 영향을 미치는지 인지하게 된다.

아이가 떼쓰다 멈췄을 때

"그래, 그렇게 눈물 뚝 그친 거 정말 잘했어!"

"고집 피우던 것을 멈춘 모습 진짜 멋졌어. 안아줄게"

한껏 떼쓰던 아이가 멈추면 다들 약속이라도 한 듯 그때부터 훈계가 시작된다. 다음부터 이런 행동은 안 된다고 약속을 받거나 아이의 사과를 받아내기 바쁘다. 그 길이 아이에게 옳고 그름을 정확하게 알려주는 일이라 생각하기 때문이다. 적시에 바른 가르침을 주는 것도 좋지만 언제나 그렇듯 좋은 표현을 사용하는 것이 중요하다. 엄격한 가르침을 고수하던 과거 어른들의 육아 방식에 상처만 남고 멀어져 버린 부모 자식이 얼마나 많은가. 좋은 표현을 사용하지 않으면 본질은 사라지고 상처만 남는다.

잘-안-바 를 기억하자

아이가 떼쓰다 멈추었을 때는 잘한 것, 안 되는 것, 바라는 것을 순서대로 말해주는 것이 좋다. 소리를 지르던 아이가 자신의 고집을 꺾고 행동을 정돈하여 부모의 말을 듣기로 선택하는 것은 사실 쉬운 일이 아니다. 아이의 이러한 각오와 행동을 인정해 주는 칭찬을 먼저 해줘야 한다. 부모에게 대들며 날을 세운 것은 잘못이지만 아이가 스스로 멈췄기 때문이다. 아이가 좋은 행동을 이끌어냈다면 그것을 알아차려 주고 인정해줘야 아이가 올바른 행동을 정확하게 인식할 수 있다.

"눈물을 멈추려고 노력하는 거 정말 멋지다."

(잘한 것)

"이렇게 계속 떼쓰고 고집 피우는 건 안 되는 거야."

(안 되는 것)

"다음부터는 안 된다고 할 때는 말을 들어줘. 알겠지?"

(바라는 것)

고래고래 소리를 지르면서 방문을 쾅 닫고 들어갔던 아이가 잠시 후 다시 문을 슬며시 여는 것은 자신의 행동이 옳지 않았음을 어느 정도 인식하고 있는 것이다. 이렇게 커다란 안 좋은 행동 뒤에 아이가 용기 낸 작은 좋은 행동이 있다면 그 작은 용기를 알아봐 주는 부모가 되자.

가르침이 꼭 엄격한 한마디가 되어야 하는 것은 아니다. 엄격한 가르침에 집중하다가 양육자와 아이의 마음이 멀어져 버리는 경우를 많이 보았다. 이는 너무 안타까운 일이다. 양육자가 무섭게 하지 않아도 아이는 배울 수 있다. 아이들은 자신의 마음을 알아주는 사람의 말에 더 크게 귀 기울이게 된다. 마음이 가까워지면 가르침은 부드럽게 따라갈 수 있다.

“

긴 외출을 끝내고 집으로 귀가할 때

”

"그래도 오늘 진짜 좋은 하루였다. 그치?"

"그 음식점은 복잡하고 맛도 진짜 없었지만 음식을 기다리면서 했던 숫자 놀이는 좀 재미있었어."

어떤 날은 이상하게 일정이 꼬이기만 한다. 벼르던 식당에 큰맘 먹고 갔는데 하필 문을 닫고, 차선책으로 들어간 다른 식당은 상상 이상으로 음식이 맛없는 날처럼 말이다. 또 사람이 많아 복잡하고 점점 더워지는 실내에서 아이가 점점 짜증을 부리는 날도 있다.

"똑바로 좀 걸어. 나도 짐 많은 거 안 보여?"

"이 집은 음식이 어쩜 이렇게 맛없어? 집에나 가자. 괜히 나와서 고생만 했네."

하루를 보내고 집으로 돌아가는 길, 특히 주차장에서 여기저기 짜증 섞인 말들이 오가는 모습을 많이 본다. 즐겁게 하루를 보내기 위해 놀이동산에 다녀온 것 같은데 뚱한 표정으로 집에 돌아가는 가족도 보았다. 부모는 몰려오는 피곤함에 자신도 모르게 "종일 신나게 놀았으니 이제 조용히 하고 바르게 앉아, 그만 까불고!" 하고 날선 말을 뱉어버린다. 또 좀 전까지 친구네 가족과 헤어질 때는 방긋 웃으며 인사를 나누던 부모가 뒤돌아 차를 타면서 "너희 둘은 만나면 왜 그렇게 정신이 없니? 이래서 다음에 또 만나겠어?" 하고 돌변하기도 한다.

체력을 거의 끝까지 사용하여 마음의 여유가 없어진 양육자와 아이는 입을 꾹 다물고 각자의 불만이 가득한 상태로 하루를 마무리하게 된다. 이렇게 하루를 끝내기에는 너무 아깝지 않은가? 양육자가 지치고 피곤하다고 해서 자신의 기분을 태도로 내비치는 것은 좋지 않다. 그런 태도는 습관이 된다. 피곤하다고 짜증을 그대로 쏟아내는 습관은 유산처럼 아이가 물려받게 된다. 몸과 마음이 피곤한 그 순간, 양육자는 자신의 표현을 잘 살펴볼 필요가 있다.

(하루를 즐겁게 마무리하는 표현)

소중한 하루를 상황에 맡겨버리지 말자. 좋은 날도 있고 무언가 다 엉켜버린 것 같은 날도 있다. 분명 잘 풀리는 날이라고 생각했는데 갑자기 피로가 몰려와 방전될 수도 있다. 어떤 날이든 하루의 마무리는 좋은 것을 나누는 대화로 하자. 하루에 일어나는 수많은 일들과 다양한 감정 가운데 어떤 것을 꺼내어 마무리할 것인가는 누가 정해주는 것이 아니다. 하루를 어떻게든 좋은 감정으로 마무리하는 것은 자신의 힘이자 능력이다. 아쉬운 것이 많은 하루였을지라도 이렇게 말해보자.

> "그 탕수육은 진짜 별로더라. 너도 그랬어? 우리 입맛이 너무 비슷한 것 같아. 딱딱 맞네! 좋아하는 음식 하나씩 말하면서 집까지 갈까?"
>
> "오늘 하루 종일 모두 수고했으니 차 타고 집에 가는 동안 푹 쉬면서 가자. 차가 바로 앞에 있어서 다행이다. 그치?"
>
> "오늘은 뭐가 안 맞네. 그래도 이제 집에 갈 거니까 서로 조금씩만 힘내자. 오늘도 좋은 하루였어. 그치?"

질문을 받으면 답을 찾고 싶어 하는 뇌가 자연스럽게 좋은 일을 찾는 방향으로 아이를 이끌어줄 것이다. 무엇을 보고, 말하고, 아이와 나의 것으로 만들지는 양육자가 정할 수 있다. 그런 양육자의 모습을 보면서 자란 아이는 어떤 상황이 와도 좋은 점을 발견할 줄 아는 힘을 가진다.

아이가 유치원에서 집으로 돌아왔을 때

"체육 시간에는 뭐가 재미있었어?"

"친구들이랑 바람개비를 돌리는 사진을 봤어. 바람개비를 직접 만든 거야?"

어린이집이나 유치원에서 돌아온 아이에게 양육자는 무의식적으로 "오늘 재미있었어?" "오늘 별일 없었어?" 같은 질문을 던진다. 만약 자신이 이 질문을 받는다면 어떻게 답할 것 같은가? 상투적인 질문은 상투적인 대답을 불러올 수밖에 없다. 육아 상담에서 아이에게 뭐하고 놀았는지, 재미있었는지를 물어보면 자꾸 모른다고 답해서 걱정이라는 양육자들을 적지 않게 만난다. 아이가 표현을 잘 못하는 것 같아 걱정하고, 유치원 생활이 즐겁지 않을까 봐 또 걱정한다. 그런데 이런 광범위한 질문을 듣고 아이가 하루 일과를 쭉 회상한 뒤 한 순간을 골라 대답하는 것은 꽤나 어려운 일이다.

유치원 시간표를 보면 미술, 체육, 과학 등 촘촘히 여러 활동으로 나누어져 있지만 아이에게는 처음부터 끝까지 다 '놀이'로 느껴지기 때문에 "뭐 하고 놀았어?" 하고 물어보면 답하기 어렵다. 아이가 "몰라" "재미있었어" "생각 안 나" 등 간단한 대답에 익숙해지면 나중에 양육자가 좀 더 자세히 물어볼 때 불편하거나 이상하게 느낄 수도 있다. 대화가 자연스럽고 편안하게 흘러가기 위해서는 좋은 질문이 필요하다. 양육자가 좋은 질문을 던지면 각자 보낸 시간과 느낌을 공유하며 대화를 의미있게 만들 수 있다.

하원한 아이에게 던지기 좋은 질문

질문은 구체적일수록 좋다. 어린이집이나 유치원에서 미리 준 정보를 바탕으로 구체적인 질문을 던지면 아이는 그날 있었던 여러 일 중 하나를 기억해서 답할 수 있다. 이렇게 말을 잘하는 아이였나 싶을 정도로 재미있었던 순간을 잘 전해줄 것이다. 식단표를 활용하여 구체적으로 질문하는 것도 좋다.

"오늘 카레라이스가 메뉴에 있던데, 점심 맛있게 먹었어?"

단순히 점심을 잘 먹었는지 확인하는 것보다 구체적인 질문이다.

"카레에 진짜 큰 당근이 들어 있었는데 나 그것도 먹었어" 하고 아이가 허세도 부리고 자랑도 늘어놓는다면 성공이다. 혹시 아이의 하루 시간표나 식단이 생각나지 않아도 괜찮다. 주로 유치원에서 하는 활동들을 나열하면서 질문할 수도 있기 때문이다.

"오늘 유치원에서 블록 놀이나 그림 그리기 했어?"
"오늘 옥상 놀이터에 나가서 노는 시간도 있었어?"

3~7세에는 아이가 신나게 말할 기회를 자주 만들어주는 것이 좋다. 아이가 즐겁게 재잘거리고 자신이 잘한 것을 부풀리며 으쓱거리는 것도 중요하다. 눈을 반짝이며 자신의 이야기를 듣는 양육자를 통해 아이는 자기 효능감을 느끼고 대화의 즐거움을 배워나갈 수 있기 때문이다.

관심 가득한 눈으로 아이의 이야기를 들어주자. 머리를 쓰다듬으며 "그래서?" 하고 호기심을 보이자. 아이는 양육자의 반응에 따라 평소와 같은 일을 했어도 아주 멋진 일을 해낸 아이가 될 수 있다.

(대화를 이어가는 기술)

대화는 서로 주고받아야 제맛이다. 아이가 신나서 한바탕 자신의 이야기를 들려주었다면 양육자도 자신의 이야기를 전해주자. 오늘 있었던 하루를 자연스럽게 이야기해 주는 것도 좋고, 아이의 이야기와 연관된 양육자의 경험을 말해주는 것도 좋다.

> "이야~ 손을 들고 큰 소리로 책을 읽었다니. 진짜 대단해!
> 엄마는 어릴 때 발표하라고 하면 막 손이 덜덜 떨렸다?
> 이렇게 말야."

아이들은 양육자의 이야기를 좋아한다. 아이가 양육자의 일과에 관심이 없는 듯 보이는 경우, 평소에 양육자가 자신의 이야기를 많이 하지 않았을 확률이 높다. 아이가 양육자의 일을 자신과는 전혀 상관없는 것으로 여기지 않도록, 양육자가 먼저 선을 긋지 말자. 양육자와 아이가 서로 어떤 하루를 보내고 어떤 감정들을 느끼고 살아가는지 대화하는 것은 자연스러운 일이라는 사실을 알려주자.

떨어져 있다가 다시 만났을 때

"어디 보자. 우리 ○○(이) 씩씩하게 잘 지내고 있었네. 아빠는 할 일을 빨리 끝내고 ○○(이) 데리러 달려왔어."
"콧물 나는 건 괜찮았어? 표정을 보니 씩씩하게 잘 지낸 표정이네. 집으로 가는 길에 간식 하나 살까?"

직장에 갔다가 돌아오거나 유치원에 있는 아이를 데리러 가는 등 양육자와 자녀가 떨어져 있다가 다시 만나는 순간들이 있다. 서로 떨어져 시간을 보낸 후 다시 만났을 때는 어떤 표현을 해주면 좋을까? 앞서 소개한 '하원한 아이에게 던지기 좋은 질문'은 대부분의 양육자가 아이와 나란히 걸어갈 때, 또는 움직이는 상태에서 활용할 것이다. 하지만 그전에 잠깐 '마법의 1분'을 만들어보자.

잠깐 키를 낮춰 1분 정도 아이와 눈을 마주치자. 숨 가쁘게 다음 일정을 향해 움직이기 전에 그 자리에 잠깐 멈춰서 아이의 하루를 묻는 질문을 해보는 것이다. 만약 환경이 너무 산만하거나 빠르게 목적지로 이동해야 하는 경우라면 일단 먼저 이동한 후에 눈 맞춤 시간을 갖는 것도 좋다.

"오늘 하루도 씩씩하게 지냈어? 엄마는 하루 종일 바빴는데 ○○(이) 보니까 이제 마음이 편안해진다. 우리 이제 뭐부터 할까?"

몸을 낮춰 눈을 맞추고 밝은 표정을 주고받는 그 순간이 바로 마법의 1분이다. 짧지만 깊게 교류하는 시간이며 이 시간이 매일 쌓인 아이는 다르다. 아이를 다시 만나자마자 바쁘게 다음 행선지를 향해 걸으며 건네는 말이나, 집에 오자마자 집안일을 바쁘게 해나가며 건네는 말보다 훨씬 강한 힘이 있다.

아이가 밖에서 보내는 시간이 아무리 익숙해졌다 해도 양육자와 떨어져 보낸 시간은 아이에겐 사회생활과 같다. 아이 입장에서는 이제서야 부모를 만난 것이다. 어쩌면 1분도 채 안 되는 그 시간이 아이에게 안전감을 만들어준다. '하루를 잘 보낸 일이 훌륭한 일이구나' '나는 오늘도 멋진 일을 해나가고 있구나' '엄마, 아빠와 나는 모두 각자 훌륭한 시간을 보내고 다시 만나는 거구나' '우리는 이렇게 서로 사랑하는 가족이구나' 하는 느낌을 받는 것이다. 짧은 1분 동안 아이는 마음속에 이런 생각들과 함께 사랑을 가득 채우게 된다.

또 이 시간이 무엇보다 중요한 이유는 눈을 마주칠 줄 아는 아이가 된다는 점이다. 어른들 중에서도 많은 사람이 눈 맞춤을 어려워한다. 특히 서로 눈에 불을 켜고 싸우거나 이것저것 따질 때만 눈을 마주친 경험이 많다면, 부드러운 눈 맞춤이 익숙하지 않아서 더 어색하다. 부드러운 눈 맞춤에 익숙해지는 것은 굉장히 중요한 일이다. 누군가의 말을 들을 때 눈을 바라보고 듣는 것, 상대에게 이야기할 때 한 번씩 눈을 마주치는 것, 함께하는 일정을 조율할 때 서로를 바라보는 것 등은 상대에게 신뢰감을 불러일으키고 공감을 표현하는 좋은 방법이다.

분주하게 움직이지 않고 서로를 마주보는 1분, 그 시간을 아이와 쌓아보자. 마법의 1분이 급하고 산만한 아이, 행동이 요란한 아이, 자기 생각만으로 꽉 찬 아이가 되지 않도록 도와줄 것이다.

유치원에서 있었던 일을 말할 때

"오늘 선생님이 엄마한테 전화하셨어. ○○(이)가 유치원에서 발표를 정말 잘했다며?"

아이가 어린이집이나 유치원 생활을 시작하면 하루에 가장 많은 시간을 선생님, 친구들과 보낸다. 그러면서 양육자들은 우리 아이가 어떤 활동을 하는지, 무엇을 선호하고 힘들어하는지, 친구들과의 관계는 어떤지를 궁금해한다. 이때 선생님과 양육자 간의 긴밀한 소통과 협력은 아주 중요하다. 하지만 주기적으로 아이의 기관 생활을 양육자에게 공유하는 선생님의 일은 결코 쉽지 않다. 양육자는 이 시간을 소중하게 여기고 감사를 표현하여 선생님을 응원해 줘야 한다. 양육자와 선생님은 아이의 성장을 맡고 있는 한 팀이기 때문이다. 또 양육자는 기관에서의 생활과 가정에서의 아이 행동을 고루 살피며 아이의 성장 리듬에 촉을 세울 필요가 있다.

유치원 선생님이 말해주는 아이의 모습 중에는 양육자는 몰랐던 의외의 모습이 많다. 예를 들어 집에서는 보이지 않던 씩씩한 모습이나 도전적인 모습을 보였다는 것이다. 선생님에게 그런 내용을 들었을 때 양육자는 주로 이렇게 말한다.

"오늘 유치원에서 발표를 정말 잘했다며?"
"오늘 점심에 밥을 두 그릇이나 먹었다며?"

그럼 놀라서 눈이 동그래지는 아이를 만날 수 있을 것이다. 분명 잘했다는 칭찬이지만 아이는 칭찬받은 기쁨보다는 궁금증이 더 커져 "맞아, 어떻게 알았어?" 하고 물을 것이다. 바로 칭찬으로 전해지는 것이 아니라 아이 머릿속에 잠깐 물음표를 만들게 된다. '선생님이랑 통화했나?' '왜 통화했지?' '또 다른 이야기는 뭐가 있었을까?' 등 여러 궁금증이 생기며 이는 작은 불안이나 약간의 긴장감을 만든다.

예를 들어 우리에게 대입하여 생각해 보자. 퇴근하고 배우자를 만났는데 "오늘 회사에서 좋은 일 있었다며?"라고 말한다면 어떨까? 어떻게 알았을까, 누구한테 들었을까 궁금해지며 기쁜 마음보다는 앞뒤 전후 상황을 확인하고자 하는 마음이 훨씬 커지게 된다. 불안한 상태에서는 칭찬이 칭찬으로, 응원이 응원으로 전달되기가 힘들다.

물론 부모가 아이에게 건네는 위의 질문이 아이를 겁주기 위한 말은 아니다. 하지만 칭찬의 순간에 굳이 의미 없이 작은 불안을 만들 필요는 없을 것이다.

(선 맥락 후 칭찬)

아이에게 짧게 맥락을 알려주자. 상황이 파악되면 그 다음 일들은 자연스럽게 이해가 된다. 큰 맥락을 먼저 알려주면 뇌가 불안 영역에서 벗어나 안전감을 느낀다. 그 후에는 들어오는 칭찬을 받아들이며 마음껏 기뻐할 수 있게 된다. 맥락을 먼저 알려주면 아이가 '어떻게 알았지?' 하고 불안한 마음이 들지 않는다.

"오늘 선생님이 엄마들한테 전화하는 날이었거든. 요즘

(선 맥락)

유치원에서 엄청 크게 발표를 잘한다며? 너무 멋진데!"

(후 칭찬)

"오늘 키즈 노트를 보니까 체육 시간에 공을 뻥 하고 잘

(선 맥락) (후 칭찬)

찼더라! 다음에 공원에 가면 엄마한테도 보여줘."

즐거움보다 안전감이 먼저라는 것을 기억하자. 아이는 안전감을

느끼면 스스로 더 큰 즐거움을 만들어내기도 한다. 아이와 함께 다른 사람을 만나러 갈 때도 이 방법을 사용하면 좋다. 아이가 갑작스럽게 긴장하지 않도록 오늘 누구와 만나서 무슨 일을 할 예정인지 맥락을 먼저 설명해 주는 것이다. 또 새로운 공간에 가게 된다면 어디서부터 어디까지 마음껏 다녀도 되는지, 어떤 것은 함부로 만지면 안 되는지 미리 알려주면 좋다.

아이가 어릴 때는 무엇을 결정하기 전에 매번 함께 의논하기가 어렵다. 양육자가 리더로서 결정하는 것은 좋지만 적어도 아이에게 미리 알려주는 단계를 거치자. 맥락에 관한 설명을 지속적으로 해주면 아이는 상황에 대한 이해도가 높아지고 자신의 행동을 생각하며 결정해 나가는 힘을 기를 수 있다.

"

아이와의 장거리 여행이 두려울 때

"

"와~ ○○(이)가 도와주니 일찍 출발할 수 있었네!"

"오늘 제일 잘 기다려준 사람? 사탕 하나 먹으면서 출발해야겠다!"

아이와 함께 떠날 여행을 앞두고 막막해진다는 양육자들을 많이 만난다. 설렘은 잠시일 뿐 "목적지에 도착하기도 전에 지쳐요…" 하고 벌써 힘이 빠진 목소리로 걱정을 토로하는 분들이 많다. 아이와 함께 좋은 추억을 만들기 위해 용기를 냈지만 준비부터 만만치 않다. 옷가지, 놀이용품, 간식까지 양육자의 준비 시간은 분주하다. 짐은 또 어찌나 많은지 무거운 물건들을 들고 나르는 일에 출발 전부터 진이 빠진다. 그 일을 지켜보는 아이는 어떨까? 오로지 수영을 하거나 캠핑을 갈 생각에 기대로 가득 차 있다. 하지만 아무 놀이도 해주지 않고 짐만 챙기는 양육자를 하염없이 기다려야 한다. 또 출발하기도 전에 양육자가 지쳐 있는 모습을 본다.

(출발을 즐겁게 만드는 표현)

모두가 정신없는 여행의 시작, 서로가 서로를 응원하는 말을 건네며 출발하자. 배우자나 아이에게 다음과 같은 격려의 말을 던질 수 있다.

> "당신 원래 이렇게 힘이 셌었나? 무거울 텐데 잘 들어줘서 고마워."
>
> "○○(이)가 얌전하게 기다려줘서 출발하기 전부터 신나네."

상대방의 마음을 알아주고 응원해 주는 표현은 자칫하면 짜증 나고 피곤해질 수 있는 순간을 즐겁게 만들 수 있다. 표현만 바꿨을 뿐인데 말이다. 출발이 힘들면 이동 시간 내내 살얼음판 같은 분위기가 유지될 수도 있다. 그러므로 여행을 떠나기 전은 양육자들이 서로에게 더 힘이 되어주어야 하는 순간이다.

(목적지를 앞당기는 기술)

즐거운 분위기를 만들며 출발에 성공하더라도 여정이 길면 위기가 찾아온다. 가족여행에서 싸우기 쉬운 타이밍이 바로 출발해서 목적지에 도착할 때까지다. 아이는 "다 왔어?" 하고 수도 없이 반복한다. 같은 말을 여러 번 듣다 보면 자신도 모르게 짜증 섞인 말이 튀어나오기 쉽다.

그렇다면 이 방법은 어떨까? 목적지를 당기는 것이다. 서울에서 부산까지의 여행길을 상상해 보자. 집을 나서서 지하철을 타고 기차역에 도착, 기차를 타고 부산까지 이동, 다시 택시를 타고 숙소까지 가는 시간을 합치면 4시간은 걸린다. 즐거움을 위해 참고 견디기에 4시간은 아이에게 너무 길다. 이럴 때는 목적지를 잘게 쪼개어 도착의 기쁨을 그때그때 맛보게 할 수 있다.

"자! 일단 기차역까지 가야 해. 기차역에 도착하면 도넛을 하나씩 먹자. 알겠지? 출발!"

그럼 이제 1차 목적지는 부산이 아닌 기차역이다. 목적지를 나누면 그곳에 도착할 때마다 성취감과 즐거움을 주어 긴 여정을 즐겁게 만들 수 있다. 이렇게 즐거운 이동 시간은 여행에서 큰 부분을 차지한다. 중간중간 잘 해내고 있는 아이를 한껏 칭찬하는 것도 놓치지 말자.

"다음은 기차 타기입니다! 우리 기차에서 색칠공부 같이 할까?"

장거리 여행에서는 아이가 즐길 수 있도록 색종이, 스티커북, 색칠공부 등을 준비하면 좋다. 이때 늘 보던 것이 아닌 새로운 것이라면 흥미가 더해진다. 나는 아이가 어릴 때 워싱턴행 비행기를 함께 탄 적이 있다. 아이와 단둘이 14시간의 비행을 용감하게 계획한 것이다. 당시 아이가 만 두 돌 이전이라 좌석은 따로 구매하지 않아도 되었는데, 문제는 비행기가 만석이었다. 공항에서야 알게 된 만석 사실이라 되돌아갈 수는 없었다. 나와 아이는 한 좌석에 겹쳐 앉아 14시간을 보내야만 했다. '어떻게든 아이를 즐겁게 만들자'는 단 하나의 목적만 생각했다. 나는 여정을 쪼개어 작은 목적지들을 만들었고 준비한 소소한 장난감과 간식을 절대 한 번에 꺼내지 않았다. 2시간 간격으로 아이의 몸이 배배 꼬이는 타이밍에 한 번씩 "짜잔!" 하고 꺼내주었다. 마중 나온 가족들은 모두 내가 녹초가 되어 있을 것이라 예상했지만, 나는 아이를 캐리어 위에 태우고 신나게 워싱턴 공항에 나타났다.

누군가 이런 노력은 너무 피곤한 일이 아니냐고 물어온 적이 있다. 칭얼거리는 아이를 달래고 참는 노력과 목적지를 작게 나눠 즐거움을 느끼게 하는 노력 중 무엇이 더 힘들까? 무엇이 더 의미 있을까? 이 방법을 활용하면 아이는 여행을 즐겁게 느끼고 더 많은 여행을 떠나고 싶어진다.

아이에게 공감해 줄 때

"그렇지만 먹어야 해. 밥을 잘 먹어야 건강해지지."

"그래도 유치원은 가야 하는 거야. 빠지지 않고 가는 건 중요한 거란다."

공감의 중요성이 많이 강조되는 요즘 많은 양육자들이 아이의 마음을 읽어주려 노력을 기울인다. 사실 아이의 모든 행동을 이해하는 것은 쉽지 않은데도 말이다.

"그렇구나."

아이의 생각과 기분을 있는 그대로 공감해 주는 표현이지만 남용되면 긍정적인 효과를 거두기 어렵다. 간혹 아이를 공감해 주려 이런 표현을 사용했는데 기계적인 양육자의 반응에 아이가 더 크게 짜증을 내는 일도 있다. 밥을 먹기 싫다는 아이에게 "넌 지금 먹기 싫구나" 하고 공감의 말을 던지거나, 유치원에 가기 싫어다는 아이에게 "유치원에 가기 싫구나" 하고 말해준다고 생각해 보자. 이런 말을 들은 아이는 마음속에 희망을 갖게 된다. '밥을 먹지 않게 해주려나?' '유치원에 안 가게 해주려나?' 하고 말이다.

양육자는 공감해 줄 뿐 아이의 말을 다 허용해 줄 수는 없다. 그러나 기계적인 공감은 아이에게 잠시 헛된 기대를 갖게 만든다. 마치 들어줄 것처럼 해놓고 자신의 생각과는 전혀 다른 말을 하는 양육자에게 아이는 온 힘을 다해 투정을 부린다. 그럼 허용해 줄 수 없을 때는 공감도 하지 말아야 하는 것일까? 그렇지 않다. 표현을 조금만 바꾸면 가능하다.

싫다는 아이에게 사용하는 공감법

이럴 땐 공감의 포인트를 다른 곳에 둔다. 아이의 생각이나 기분을 그대로 공감해 주는 것이 아니라, 지금 아이가 원하는 것과 해야 하는 일이 다르다는 사실을 안타까워하는 공감이다. 이때 핵심은 여전히 해야 할 일, 나아가야 할 방향은 변하지 않았음을 알려주는 것이다.

"에구~ 그래도 밥은 먹어야 하는데 어떻게 하지?"

"어머~ 오늘은 토요일이 아니잖아. 오늘은 유치원에 가야 하는 날이네~ 두 밤만 자면 곧 쉬는 날이야."

아이의 감정이나 생각을 공감해 주는 표현은 그 문제에 대하여 함께 대화할 수 있거나 더 나은 방향을 모색할 수 있을 때 사용하는 것이 좋다.

"아빠가 그렇게 말해서 ○○(이)가 속상했구나. 아빠가 사과할게."
"아~ 오늘 공원에 가고 싶었구나? 그럼 슈퍼에서 빨리 장을 보고 같이 공원에 갈까?"

위와 같이 공감을 해준 뒤 상황을 개선할 수 있거나 아이의 생각을 수용하여 합의를 이끌어갈 여지가 있을 때 효과적이다. 아이를 공감하라는 것이 아이의 요구를 모두 들어주거나 받아주어야 한다는 것은 분명 아니다. 또 아이의 요구를 들어줄 수 없는 상황이라고 해서 반드시 엄격하게 이야기해야만 하는 것도 아니다. '지금 그렇게 할 수 없어서 안타깝네'라는 말은 아이의 요구를 받아줄 수 없음을 확실하게 표현하면서도 아이의 마음은 공감해 주는 표현이다. 이에 한 발 더 나아가 대안을 더해주면 좋다.

"그럼 우리 오랜만에 주사위 놀이를 하면서 밥 먹을까?"
"오늘 좀 힘이 없으면 유치원 가는 길에 먹을 간식을 하나 골라볼까?"

수용해 줄 수 있는 범위 안에서 아이가 즐거워할 만한 제안을 하면 아이는 자신이 할 수 있는 일을 생각하게 된다. 이때 아이가 실랑이하지 않고 자신의 생각을 돌리는 선택을 했다면 칭찬해 준다. 거듭 말하지만 긍정 강화가 중요하다. 아이의 좋은 행동이 습관이 되도록 만들기 위해서는 긍정 강화가 가장 좋은 방법임을 잊지 말자.

양치와 목욕을 싫어할 때

“오늘은 어떤 치약을 써볼까?”

“누가 누가 더 깨끗이 씻나 시합해 보자!”

왜 아이들은 꼭 해야 하는 일들을 받아들이지 못하고 투쟁하는 것일까. 씻는 일, 먹는 일, 자는 일이 특히 그렇다. 이 3가지는 주로 아이들이 싫다고 하는 것들이다. 어른들에게는 자는 시간만큼 행복한 시간이 없는데, 아이들은 안 잔다고 도망을 다닌다. 바로 ‘재미’에 반응하고 ‘재미’로 움직이기 때문이다.

장난감 놀이와 밥 먹기, 어떤 게 더 재미있을까? 공 놀이와 목욕은 또 어떨까? 대다수의 아이들이 밥 먹기나 목욕 대신 장난감 놀이와 공 놀이를 고를 것이다. 그런데 어른들이 재미있는 것을 멈추고 덜 재미

있는 것을 하자고 하니 싫어할 수밖에 없다. 이때 재미란 즐거움, 호기심, 내적 동기부여 등을 모두 포함한다. 책과 레고 중에서 레고를 더 좋아하던 아이도 새 책을 사주면 관심을 보인다. 또 일반적인 책과 다르게 이리저리 열어보고 만져볼 수 있는 책을 만나면 레고를 내려놓을 수도 있다. 호기심이 커졌기 때문이다.

이런 상황도 있다. 블록 놀이를 하는 아이에게 이제 5분 후에 목욕을 하자고 했더니, 5분이 지난 뒤 아이가 갑자기 숙제를 하겠다고 한다. 아이 입장에서 씻는 것은 자는 것과 연결된다. 그것보다는 차라리 숙제를 하며 좀 더 깨어 있는 상황을 선택하는 경우다.

나이가 많이 어린 경우는 쉽지 않지만, 점점 아이가 자라면서 내적 동기부여로 행동을 선택하는 경우가 늘어난다. 아이가 유치원에 다닐 때 나는 유치원 숙제보다는 제시간에 자는 것을 더 중시하는 엄마였다. 정해진 시간에 자는 습관을 들이는 것이 더 중요하다고 생각했기 때문이다. 그런데 어느 날 아이가 "나 오늘은 놀이 안 하고 숙제할 거야, 둘 다 할 시간은 없으니까"라고 말했다. 덧붙여 아이는 선생님이랑 숙제를 꼭 하기로 약속했고 숙제를 안 하면 선생님이 슬플 수 있다고 말했다. 재미로 따지면 숙제보다 놀이가 더 크지만 내적 동기부여가 더해져 숙제를 기꺼이 선택한 것이다.

재미의 무게를 높여주기

재미가 단순히 깔깔 웃는 시간을 말하는 것이 아님은 모두 이해했을 거라 생각한다. 양치나 목욕처럼 꼭 해야 하는데 큰 재미는 없는 것들을 아이가 하게 만들기 위해서는 어떻게 하면 좋을까? 해야 할 일이 놀이를 이길 수 있게 재미의 무게를 높여주면 된다.

"양치 안 하면 이가 다 썩으니 치과 가서 다 뽑아야 된다고 했지!"

이렇게 겁을 주는 방식을 사용하면 좋은 습관이 아이의 것이 되기는 힘들다. 아이가 자라서 기숙사 생활을 하거나 대학생이 되어 독립했을 때 늘 엄하게 말했던 규칙과는 거리가 먼 생활을 할 확률이 높다. 진짜 아이의 것이 되지 않으면 스스로에게 권한이 생기는 순간 통제에서 쉽게 벗어나 버린다. 좋은 습관을 진짜 아이의 것으로 만들어주려면 아이가 그 일을 스스로 선택할 수 있게 해야 한다.

사실 양치를 재밌게 하는 방법은 무궁무진하다. 시합을 하자고 유도해 흥미와 성취감을 불러일으킬 수 있고, 아이 혼자서 양치를 하게 하고 보여달라고 하며 아이가 자랑할 수 있는 기회를 줄 수도 있다. 또는 작은 인형들에게 양치 방법을 알려주는 놀이를 하거나 아이가 스스로 양치하면 다음 날 특별한 보상을 약속하고 제공할 수도 있다. 모양이 다른 칫솔과 다양한 맛의 치약을 활용하거나 가족들의 양치 순서를 아이에게 정하게 하는 등 주도권을 주는 방법도 있다. 얼마든지 다양한 방법으로 아이가 하기 싫은 일에 재미를 더해줄 수 있다. 몇 가지를 시도하고 응용하다 보면 나만의 방법이 생긴다. 어릴 적 치과 치료가 무서웠던 양육자의 이야기를 들려주며 양치를 잘하고 있는 아이를 칭찬해 주거나, 양치 때문에 매일 싸우는 집도 있는데 이렇게 같이 양치하니 너무 좋다고 이야기하는 것도 내적 동기부여를 더하는 표현이다. 아이 마음에 뿌듯함이 생기고 그것이 곧 즐거움이 된다.

도대체 언제까지 재미있게 해주려 노력해야 되는 것인지, 이러다 재미 요소가 없어지면 안 하게 되는 것은 아닌지 고민하는 양육자들도 있다. 처음에는 노력을 들여야 하지만 점점 그런 요소가 없어도 아이가 당연한 일로 받아들이는 모습을 보게 될 것이다. 즐거움으로 시작한 일은 좋은 습관으로 쉽게 정착할 수 있다. 양육자가 들이는 노력은 결코 허무하게 사라지지 않는다.

친구와 놀다가 아이의 행동이 과격해질 때

"에구, ○○(이) 깜짝 놀랐겠다. 친구가 공을 살살 던지는 법을 배우는 중이구나."
"친구야, 너무 세게 밀어서 미안해. 괜찮아지면 다시 같이 놀자. 우리 같이 젤리 먹을까?"

아이들이 함께 어울려 놀 때 한 아이가 조금 과격한 행동을 보이면 난감하다. 다른 아이를 나무라기가 어렵고 그렇다고 잘못된 행동을 무조건 괜찮다고 할 수도 없기 때문이다. 우리 아이가 잘못한 경우에도 마음이 불편한 것은 마찬가지다. 자칫하면 양육자들끼리 사이가 어색해질 수도 있다.

아이들이 1년 동안 배워야 하는 삶의 기술이 약 100가지 정도 있다고 가정해 보자. 바르게 앉아 식사하기, 벗은 양말을 빨래 바구니에 넣기, 친구의 물건을 빼앗지 않기 등이 있을 것이다. 아이들은 이런 것들을 각자 서로 다른 순서로 배워나가게 된다. 그러니 그 과정 중 어느 하나로 아이들을 바라보면 각자 잘하는 것과 아직 부족한 부분이 뒤죽박죽이다. 100개만 해도 서로 배운 것들이 다를 텐데 실제로 아이들이 배워야 하는 것은 100개를 훨씬 넘는다. 아직 배우는 중인 아이들이 어설프고 부족한 모습을 보이는 것은 잘못이 아니다. 아이와 함께 놀던 친구가 한 부분에서 부족한 모습을 보인다면 '혼나고 고쳐야 할 부분'이 아니라 '앞으로 배워나가야 할 부분'으로 바라보고 표현하자.

원인과 아이 케어를 분리하기

아이들이 함께 공놀이를 하는데 흥분한 한 친구가 세게 던진 공이 아이에게 날아온다면 양육자는 반사적으로 아이를 보호할 수밖에 없다. 하지만 그렇다고 "어머, 큰일 날 뻔했네! 미안하다고 해야지, 누가 공을 그렇게 세게 던지니?" 하고 말하며 다른 아이를 문제아처럼 만들지는 말자. '네가 행동을 과격하게 해서 우리 아이가 놀랐다' 같은 접근 방식은 좋지 않다. 아직 자신의 감정과 행동을 조절하기 어려운 어린아이이다.

어른들은 문제가 일어난 원인을 파악하고 잘잘못을 따지는 것이 익숙하지만 아이들은 그렇지 않다. "네가 공을 세게 던졌으니 사과해야지" "사과했으니 이제 다시 사이좋게 놀아라" 같은 흐름보다는 "힘을 조절하는 법을 배우는 중이구나" 하고 다른 아이를 공감해 준 뒤 "너무 놀랐겠다, 주스 좀 마시고 쉬었다가 다시 놀까?" 하고 놀란 아이를 신경 써주자. 원인과 아이 케어를 분리하여 표현하고 상황을 정돈해야 한다.

사실 양육자인 우리가 정말 배워야 하는 것은 감정을 다스리는 법이다. 물론 상대 아이의 부모가 사과를 할 수도 있지만 상대가 사과를 하든 하지 않든, 나의 마음을 다독인다면 우리는 다시 즐거운 상태로 언제든 돌아갈 수 있다. 그리고 그런 모습을 아이는 지켜보고 배울 것이다.

(멈추고 모델이 되어주고 다시 즐거움으로 돌아가기)

물론 아직 배우는 중인 어린아이라고 해서 과격한 행동을 그냥 지나가야 하는 것은 아니다. 누군가 속상해서 눈물을 보이거나 다쳤을 때는 양육자가 개입하여 놀이를 잠깐 멈춰야 한다. 하지만 이때도 사과할 사람과 받을 사람을 나누는 것이 중요한 것은 아니다. 불편한 일이 일어났기에 상황을 멈추는 것일 뿐이다. 아이들에게는 이렇게 상황을 멈출 수 있다는 사실 자체가 배움이다. '무언가 잘못되었구나' '이렇게 하면 안 되는 거구나' 하는 생각이 아이들의 머릿속에 떠오르면서 학습이 일어난다. 주의할 것은 무서운 말투를 사용하지 않는 것이다. 상황을 멈추면서 원인을 제공한 아이 또한 이미 놀랐을 것이다.

"아이고, 친구가 깜짝 놀랐나 봐. 미안하다고 말해주고 괜찮아지면 다시 같이 놀자."

양육자가 상황을 멈췄을 때 당황한 나머지 더 정신없이 공간을 뛰어다니는 아이도 있고, 친구를 따라서 울어버리는 아이도 있다. 그럴 때는 양육자가 먼저 모델이 되어주자. 상황을 멈추고 나서 먼저 사과하는 것이다. 이리저리 돌아다니는 아이를 안고 와서 상황을 대처하는 양육자의 모습을 보여줄 수 있다.

"친구야, 아까부터 기다렸는데 그네를 먼저 타서 미안해.
우리 이따가 같이 놀까?"

위와 같이 양육자가 아이 대신 사과의 말을 전하며 본보기가 되어줄 수 있다. 그 뒤에는 잠깐 간식을 먹으며 쉬거나 숨을 고른 뒤 다시 놀이를 시작할 수 있도록 도와주면 된다. 아이를 질질 끌고 와서 어떻게든 사과시키려 씨름을 하거나 아이가 쭈뼛대면 한숨을 쉬는 등의 행동은 지양한다. 아직 아이는 배우는 중이라는 것을 명심하자.

Chapter 4

3~7세에 가장 많이 들어야 하는 11가지 표현

아이를 현실에 적극적으로 참여시키는 말

"밥 먹을 시간이네. ○○(이)는 어떤 걸 준비할래?"

"○○(이)는 어떤 걸 맡을래?"

3~7세는 아이가 본격적인 사회생활을 시작하기 전 안전하고 자유롭게 배우고 활동하며 자신의 영역을 넓혀가는 시기다. 40분 수업, 10분 쉬는 시간의 간단한 규칙마저도 초등학교 때부터 시작이다. 쉬는 시간이 없는 유치원 일과가 어색하게 보일 수 있지만 아이들의 삶이 그렇다. 놀이도 학습도 통합적으로 일어난다. 다만 이때 한 가지 놓치지 말아야 하는 것은 아이의 즐거움이 그저 장난감이나 그림책 같은 것에만 국한되어서는 안 된다는 것이다. 현실의 일상생활에 아이를 참여시키고 양육자와 함께해 나가도록 이끌어줘야 한다.

가정에서 아이는 현실의 곳곳에 참여해야 한다. 식사 준비를 위해 음식을 나르거나 수저를 놓는 일, 빨래를 정리하는 일, 외출 준비나 집 안 정리 등에 참여해야 한다는 말이다. 좀 더 확장하면 맛있는 식사를 하기 위해 마트에 가서 장을 보거나 경조사에 참석하기 위해 좋은 옷을 갖추어 입는 것까지도 포함된다. 친구의 생일 선물을 준비하거나 집에 손님을 초대하기 위해 집을 정돈하고 손님이 돌아간 후에는 다시 집을 치우는 일들도 마찬가지다.

아이가 현실의 순간에 참여하고 이것을 즐겁게 느낄 수 있도록 양육자는 기회를 열어주어야 한다. 장난감이 아닌 진짜 삶의 도구들로 유용한 일들을 같이 해나갈 때 아이들은 자신이 기여했다는 기쁨을 느낀다. 삶의 여러 일들이 누가 해줬으면 하는 '귀찮은 일'이 아니라 '스스로 할 수 있는 일'이 되고, '대충 하는 일'이 아니라 '뿌듯함을 느끼게 하는 일'이 된다. 자신이 해야 할 일을 스스로 잘해낼 수 있는 힘을 키우는 것이다.

혹시 아이가 집 안에서 스스로 마음껏 할 수 있는 일이 장난감 놀이나 책 읽기 등으로 한정되어 있지는 않은지 점검해 보자. 장을 보거나 가족의 선물을 사야 할 때 아이에게 조용히 스마트폰을 주지는 않는가? 집을 대청소하는 날에 아이가 가만히 소파 위에서 TV를 보고 있도록 두지는 않는가? 아이가 뿌듯함을 느낄 수 있는 좋은 기회들은 일상의 여러 순간에 있다. 아이가 느리다는 이유로, 일이 복잡해진다는 이유로 그 기회를 제한하지 말자.

아래 2가지 표현을 꼭 기억하고 자주 사용하자. 아이를 현실에 적극적으로 참여시키는 간단한 표현이다.

> "넌 어떤 걸 할래?"
> "○○(이)가 도와줄 수 있어?"

식사를 준비할 때는 작은 일이라도 아이가 할 수 있도록 기회를 주자. 수저를 놓거나 상을 닦는 것도 좋다. 준비를 다 해놓고 "와서 밥 먹어" 하고 부르는 것과는 완전히 다르다. 즐겁게 장난감 놀이를 하고 있는 아이에게 식사 준비가 다 되었으니 오라는 말은 전혀 흥미롭지 않다. 식탁에 앉아 밥을 먹는 것보다는 지금 하는 놀이가 더 재미있기 때문이다. 배가 고프거나 혹은 혼나고 싶지 않은 마음에 밥을 먹으러 왔다 해도 빨리 먹고 다시 놀고 싶어진다. 밥을 먹는 것이 아니라 '먹어주는 것'처럼 행동하기도 한다. 양육자는 화가 나거나 쩔쩔 매기 시작한다.

밥은 양육자가 당연히 차려주는 것이 아니라 함께 준비하는 것으로 인식할 수 있도록 하자. 꼭 아이에게 부탁하거나 호통을 칠 필요 없다. 아이가 스스로 할 일을 생각하여 움직일 수 있도록 만들어주면 된다. 이때 "조심해" "위험해" "장난치지 말고" "똑바로" 같은 잔소리가 이어지면 재미없어진다.

"오~ 조심조심. 젓가락 들었을 때는 천천히. 그렇지!"
"오늘은 좀 삐뚤빼뚤 놓으셨네요~ 다음엔 더 잘 부탁합니다."
"이야~ 큰 접시도 옮길 수 있구나. 안전하게 가져다 놓을 수 있나요?"
"우리 다 같이 준비하길 참 잘했다. 그치?"

이런 표현들은 아이의 참여를 기쁘게 만든다. 아이가 즐겁게 참여할 수 있다면 장난감이나 그림책, 스마트폰의 영상보다 현실이 훨씬 흥미로울 수 있다.

잘 마른 빨래가 바구니에 가득할 때는 온 가족이 역할을 나누자.

"다 접은 양말은 안방으로 옮겨줄 수 있어?"
"티셔츠를 어디에 넣는지 정확히 알고 있었네? 우리 ○○(이) 정말 많이 컸네."

양육자가 칭찬과 감탄을 보일 때 아이는 자신이 하는 일이 보탬이 된다는 것을 깨닫고 건강한 내면을 가진다. 이때 아이가 해준 것이 마음에 들지 않아서 양육자가 다시 하는 행동은 주의하자. 그렇다면 아이에게 알맞지 않은 일을 넘겨준 셈이다. 도저히 그대로 둘 수 없는 부분이라면 어른들이 맡아서 하고 아이에게는 다른 일을 권하자.

아이를 현실에 참여시킬 수 있는 다양한 순간들

아래의 표현들은 일상의 다양한 순간에서 아이가 참여하도록 돕는 표현들이다. 핵심은 양육자가 작은 역할을 제안하거나 아이가 할 수 있는 일을 부여해 주는 것이다. 장을 볼 때, 식사 준비를 할 때, 짐을 옮길 때, 집을 청소할 때 등 다양한 순간에 활용하기를 바란다.

"오늘 장 보러 갈 건데 무엇이 필요한지 같이 적어보자."
"싱싱한 당근과 오이를 ○○(이)가 골라주세요."
"된장찌개를 만들어볼까? 두부 자르는 거 도와줄 사람?"
"토스트 만들 건데 계란물 담당은 누구인가요?"
"주말에 바닷가에 갈 때 어떤 것이 필요할까? 여기 가방에 모아보자."
"집까지 짐을 옮겨야 해. ○○(이)가 작은 상자를 들어줄 수 있어?"
"화장실 청소 팀, 방 청소 팀 중에 어떤 거 할래?"
"신발 정리는 ○○(이)가 도와줄 수 있어?"
"나는 출근 가방 챙길게. ○○(이)는 유치원 가방 챙기고 침대에서 만나자."

"할아버지 생신에 무슨 선물을 드리면 좋을까? 고르는 걸 도와줄래?"

"이불은 크니까 엄마가 정리할게. 베개 정리는 ○○(이)가 할까?"

"○○(이)랑 같이 하니까 진짜 좋다. 넌 정말 멋져!"

존중을 바탕으로 한 말

"내가 도와줘도 될까?"

"도움이 필요하면 알려줘."

하루는 식사 중에 아이가 자꾸 코를 훌쩍거렸다. 나는 콧물이 불편할 것 같아 휴지로 아이의 코를 닦아주었다. 콧물이 찔끔 나오면 닦아주고 코가 막힌 것 같아 흥 하고 풀어보라고도 했다. 닦아주는 나도 닦이는 아이도 자연스러웠다. 문득 '아이가 여섯 살인데 이게 자연스러운 상황일까?' 하는 생각이 들었다. 여섯 살이라면 아이가 스스로 닦을 수도 있고 닦을지 말지 판단도 분명 가능한 나이이기 때문이다. 식사 중에 누군가 내 코를 쓱 닦아준다면 나는 어떤 기분일지를 생각하다 황당함에 웃음이 났다.

'난 엄마잖아!'

이렇게 식사 중에 자녀의 코를 자연스럽게 닦아주는 행동 같은 것은 양육자가 아이를 자신과 동일시하는 현상이다. 특히나 엄마는 열 달 동안 아이를 품고 지냈기에 더 밀접하게 느낀다. 내 몸을 만지듯 아이의 몸을 만지고, 내가 느끼고 생각하는 대로 아이도 느낄 것이라고 많은 부분 가정한다.

양육자와 자녀는 그렇게 당연하고 자연스러운 관계이기에 존중하는 일을 더 놓치기 쉽다. 동일시는 많은 양육자들이 겪는 일이다. 차츰 아이와 양육자는 다른 존재라는 것을 인지하며 건강한 분리를 만들어 가면 된다.

(동일시에서 존중으로)

아이가 도움이 필요해 보인다면 양육자의 도움을 선택할 수 있도록 질문을 던지자.

"엄마가 도와줘도 될까?"

앞서 식사 중에 아이의 콧물이 흐르는 상황이라면 "콧물이 자꾸 흘러서 불편하겠다, 내가 닦아줘도 될까?" 하고 간단하게 묻는 것이다. 아이가 고개를 끄덕인다면 닦아주면 된다.

양육자의 바람을 표현하는 말도 좋다. 아무리 좋은 음식이라도 다른 사람의 입에 억지로 넣을 수는 없다. 아이가 더 먹었으면 좋겠다는 마음에 숟가락을 아이 입 앞으로 가져가는 대신 아이에게 양육자의 생각을 표현하거나 권해보자.

"몇 입만 더 먹으면 좋겠어."
"요즘 자꾸 기침이 나던데. 밥을 좀 더 많이 먹고 튼튼해져야 할 것 같아. 세 번만 더 먹어보면 어때?"

아이에게 더 먹어달라고 애원하는 것과는 다르다. 양육자가 자신의 생각을 이야기하고 아이가 좋은 결정을 하기를 바라는 표현이다. 이런 표현을 자주 사용해 주면 아이는 양육자의 이야기를 귀담아듣는 능력, 자신의 상태를 인지하는 능력이 함께 자란다.

아직은 아이가 어려서 자신의 상태를 충분히 잘 인지하기 어렵다면 양육자가 기준을 정해준다. 그러나 이때도 존중을 바탕으로 행동하는 것이 중요하다. 어떤 일을 왜 해야 하며, 얼마나 하게 될지 설명해준다. 또 아이가 저항하는 상황에서 무조건 밀어붙이는 것보다는 아이가 받아들일 수 있는 방법을 제시하려고 노력해야 한다.

하원 후 만난 아이의 어깨에서 배낭을 자연스럽게 빼서 들어주지 말고 "가방 들어줄까?" 하고 가볍게 의사를 물어보자. 의외로 스스로 들겠다고 하는 아이들이 많다. 아이가 무언가 잘 안 되는 것처럼 보일 때, 양육자가 당연하게 개입하지 말고 "도움이 필요하면 알려줘" 하고 스스로 도움을 청할 수 있도록 기회를 주자. 아이가 충분히 스스로 해보고 나서 도움을 받아야겠다는 생각이 들면 양육자에게 손을 내밀 것이다.

또 아이가 너무나도 자연스럽게 쓰레기를 양육자에게 건넬 때 자연스럽게 받아서 쓰레기통에 버려주지 말고 "이건 왜 나한테 주는 거야?" 하고 말해보자. 쓰레기를 양육자에게 주는 것은 당연한 일이 아니다. "이게 뭐야? 쓰레기네, 그럼 쓰레기통에 버리고 와서 놀면 되겠다" 같은 표현을 몇 번 반복하고 나면 아이가 적어도 집에서는 쓰레기를 스스로 쓰레기통에 버리게 된다. 굳이 양육자의 손을 한 번 거쳐서 쓰레기임을 확인하고 버리고 싶은 아이는 없기 때문이다. 아이가 스스로 잘하는 모습을 보이면 가볍게 칭찬해 주거나 자기 전에 참 기특하다고 말해줄 수 있다.

(무엇을 쌓아줄 것인가)

양육자가 알아서 코를 닦아주고, 자연스럽게 유치원 가방은 빼서 들어주고, 쓰레기를 대신 버려주고, 쫓아다니며 벗은 옷을 정리해 주는 것이 익숙한 아이는 8세가 되었을 때 학교생활에 적응하는 것이 힘들 수 있다. 쓰레기를 손에 들고 있다가 그냥 어딘가 주변에 버리거나 콧물이 많이 나는 날 휴지를 주머니에 챙겨야겠다고 생각하기 쉽지 않다. 학교 준비물을 빼먹기라도 한 날은 엄마, 아빠가 안 챙겨준 것이라고 화살을 돌리기도 한다. 학교생활을 시작하고 나서야 스스로 생각하고 챙기고 행동하는 것을 시작하려니 힘든 것이다.

반면 어린 시절부터 자연스럽게 아이를 존중하고 표현한 가정의 아이는 자신의 상태를 인지하고 행동을 결정하는 일이 익숙하다. 양육자와 떨어져 규칙이 많은 사회생활을 처음 시작하는 일이 긴장되지만 의젓하고 침착한 모습을 보여준다. 3~7세에 가정에서 쌓아준 시간은 아이가 어떤 모습으로 사회생활을 할지 그 시작점을 만들어준다.

큰 그림을 알려주는 말

"내일 할머니 오셔서 같이 밥 먹기로 했는데, 밥 먹고 나서 뭐 하면 좋을까?"

"내일 유치원에서 소풍 가지? 입을 거랑 필요한 거 말해주면 같이 챙겨볼게."

양육자들은 아이들에게 많은 경험을 쌓아주기 위해 노력한다. 주말에 미술관에 가거나 눈썰매장에 가고 빙어 낚시를 하러 가기도 한다. 이런 경험들은 아이에게 어떤 효과가 있을까? 아이가 머릿속에 더 많은 그림을 그릴 수 있게 도와준다. 경험한 것은 쉽게 떠올릴 수 있기 때문이다. 우리는 생각할 때 '그림을 그려본다'는 표현을 자주 사용한다. 실제로 뇌는 그림이나 사진처럼 과거의 장면을 기억한다. 작년 겨울에 있었던 일을 떠올리면 어떤 순간들이 그림처럼 머릿속을 스쳐가지 않는가? 또 "바나나"라고 말하면 그 순간 우리의 뇌에는 노란 바나나 하나가 그려진다. 바로 이것이 뇌가 좋아하는 방식이다. 그러므로 경험을 다양하게 한 아이는 많은 그림들을 재조립하고 재생산하며 창의력을 발달시킬 수 있다.

구체적일수록 아이의 그림이 풍성해진다

양육자의 구체적인 설명은 아이의 머릿속에 많은 그림을 만들어준다. 그러므로 얼마나 자주 많은 이야기를 아이에게 들려주느냐가 중요하다.

아침에 외출 준비를 하며 "오늘 날씨는 22도래" 하고 아이에게 이야기하면 '22도가 어느 정도지?' 하고 아이의 뇌는 바쁘게 돌아간다. 밖이 22도라는 말을 들으면 어떤 장면이 뇌에 떠오르는가? 걷기 좋은 벚꽃길이나 카디건을 벗어 한 손에 들고 걷는 모습 등이 떠오른다. 그런 그림을 아이도 그려볼 수 있게 양육자가 도와주는 것이다.

"지난 일요일 생각나? 그때 점심에 우리 더웠잖아. 그 정도가 22도야. 어떤 거 입고 가면 좋을지 생각해서 골라봐."

양육자는 양육자대로 외출 준비를 하면서 아이가 스스로 결정할 수 있도록 기회를 주는 표현이다.

또 그날 정해진 일정을 미리 알려주는 것도 좋다. 아이가 만나본 사람이라면 그 사람과의 경험을 떠올릴 수 있다. 전에 함께 공원을 갔었다면 공원을 떠올릴 것이다. “나 씽씽이 가져가도 돼?” 하고 아이가 먼저 의견을 더할 수 있다. 자기 전에 침대 위에서 다음 날 일정을 도란도란 나누거나 주말 계획을 같이 세워보는 것도 좋다. 아이 위주로 계획된 일정은 아이가 생각할 기회를 더 많이 열어주면 좋다. 유치원 준비나 아이 위주로 계획된 여행 등이 그렇다.

아이가 눈을 좋아한다면 “눈 온다!” 하고 한마디만 해도 아이가 다 알아서 하는 모습을 볼 수 있다. 빨리 양치와 아침 식사를 끝내면 유치원 가는 길에 눈을 가지고 놀 수 있다는 것을 경험으로 알고 있기 때문이다. 꾸물거리던 평소와 달리 신나게 준비하는 아이는 머릿속에 이미 눈을 뭉치는 그림을 그리고 있을 것이다.

양육자가 긴 설명은 생략하고 결론만 명령으로 전달하면 아이 머릿속의 도화지를 반으로 접어버리는 셈이다. 큰 그림을 알려주고 상황을 설명하여 아이가 상황에 맞는 행동을 스스로 찾아갈 수 있도록 해주자.

생각하는 아이로 만드는 말

”

"와! 어떻게 그런 생각을 했어?"

"다 같이 생각해 보자."

초등학교 입학 전까지 아이에게 해줬던 말 중에서 가장 좋다고 생각하는 표현을 꼽으라면 바로 이 표현이다. "너는 생각을 진짜 잘하는 것 같아!" 나는 이 말을 아이에게 정말 많이 했다. 아이는 내 예상보다 훨씬 깊고 다채로운 생각들을 많이 했고 놀라운 경우도 많았다.

그게 우리 아이만의 특별한 점이라고 생각하지는 않는다. 대부분의 아이들은 번뜩이고 기발한 생각을 할 수 있는 능력이 있고, 환경만 허락되면 거침없이 자신의 생각을 자유롭게 펼쳐놓는다. 양육자가 해야 할 일은 아이가 '생각'하는 모습을 보여주었을 때 그것이 얼마나 훌륭한 일인지를 인지시켜 주는 것이다.

생각을 잘한다는 자신감

언제부터 이런 표현을 사용했는지 기억해 보니 아이가 3세 무렵일 때부터다. 아이가 무언가를 표현하려 하거나 자기 나름대로 어떤 행동을 했을 때 나는 그 '생각'을 콕 집어 이야기했다. 예를 들어 당시 주방에서 내가 요리를 하다가 잠시 다음 할 일이 생각나지 않아 냉장고 앞에 멈춰 선 적이 있다. 그 모습을 가만히 보던 아이가 자신 있게 방으로 들어가더니 곧 장난감 달걀을 가지고 왔다. 아이의 귀여운 행동에 한참 웃다가 이렇게 말해주었다. "와 넌 진짜 생각을 잘하는구나! 엄마가 달걀이 필요할 것 같다고 생각했구나!" 아이가 스스로 생각하고 행동한 것은 꼭 칭찬해 주었다.

유치원에 들어가고 나서 학부모와 함께하는 첫 수업이 있었다. 각자 자신이 잘 하는 것을 다섯 개씩 말해보는 시간을 가졌는데, 아이는 가장 먼저 "난 생각을 잘해요"라고 대답했다. 이런 자신감을 마음에 심어주는 것은 엄청난 일이다. 아이가 자신의 생각을 중심으로 상황에 휘둘리지 않을 수 있고, 반사적으로 행동부터 하는 것이 아니라 사고하고 나서 행동하는 아이로 자란다. 그러므로 주변 사람들이 아이의 '행동'을 칭찬할 때 양육자는 그 안에 있는 아이의 '생각'을 짚어 칭찬해 주는 것이 좋다. "네가 생각하고 행동한 거지?" 하고 짚어주거나

"역시 생각을 잘하니까 그렇게 할 수 있었던 거구나!" 하고 행동과 생각을 연결해 준다. "왜 그렇게 생각한 거야?" "어떻게 그런 재미있는 생각이 났어?" 같은 표현도 아주 좋다. 생각하는 힘을 차곡차곡 기를 수 있고 이것을 꾸준히 인정받으면 자신감으로 연결된다.

(생각을 펼치는 것이 자연스러운 환경)

아이가 자신의 논리를 펼치며 이야기를 이어갈 때 진지하게 들어주는 양육자의 모습 또한 중요하다. 무슨 능력이건 어떤 환경과 분위기인지에 따라 발달되기도 하고 소멸되기도 한다. 아이들은 능력을 인정받으면 더 키워가고, 인정받지 못한다고 느끼면 숨기게 된다.

"다 같이 생각해 보자" "의논할 문제가 있어" 하고 어떤 일을 함께 결정하는 분위기를 유도하는 것도 좋다. 아이는 어른들끼리 중요한 대화를 하는데 자신이 함께하는 기분을 느낄 수 있다.

(순서도 중요하다)

아이가 주도적으로 할 수 있는 놀이 같은 영역이나 아이가 자신 있는 주제 등은 아이의 생각을 먼저 물어보며 자유로운 사고를 펼치도록 도와주면 된다. 하지만 경우에 따라서는 양육자가 자신의 생각을 먼저 이야기해 줄 필요도 있다. 아이가 익숙하지 않은 새로운 일, 어른들의 영역에 가까운 일은 양육자가 먼저 생각을 이야기하고 나서 아이의 생각을 묻는 것이 더 좋다. 그럼 양육자의 말이 예시가 되어 아이가 생각의 방향을 어떻게 잡아야 하는지, 무엇에 대해 생각해 보는 것인지 이해할 수 있다. 이 과정은 아이가 안전감을 느끼는 단계이기도 하다. 아이의 마음이 편안해지면 더 자유롭게 생각을 발산한다.

스스로 하도록 돕는 말

"너는 뭐뭐 하면 돼?"

"엄마가 챙겨줘야 하는 게 있으면 미리 말해줘."

알아서 장난감 놀이를 하거나 간식을 먹는 아이를 보면서 '스스로 하는 아이'라고 말하지는 않는다. 아이가 원하는 일이 아니더라도 꼭 해야 하는 것들을 해낼 수 있을 때 스스로 할 수 있다고 말한다. 자신의 일을 스스로 하는 아이로 이끌기 위해서는 먼저 아이가 할 일을 하기 전에 마음의 준비를 하는 단계가 필요하다. 그 다음 단계는 각자의 할 일을 구체적으로 말하고 공평하게 시작하는 분위기 조성이다.

(마음의 준비가 필요하다)

해야 할 일은 주로 재미있는 일들에 밀리는 경우가 많다. 미리 아이에게 할 일을 해야 하는 시간이 다가오고 있음을 알려주자. 마음의 준비를 할 수 있게 돕는 것이다. 아이가 해야 할 일을 미리 머릿속으로 생각하고 있을 수 있도록 말해주는 것도 좋다.

> "조금만 있으면 잘 시간이네. 잘 준비를 하려면 무엇을 하면 되는지 생각해 줘."
>
> "내일 유치원 갈 때 엄마가 도와줘야 하는 게 있으면 미리 말해줄래?"

이때는 "생각해" "말해" 같은 명령어보다는 "생각해 줘" "말해줘야 좋아" "얘기해 줄래?" 등 약간 부탁하는 느낌을 담은 표현이 훨씬 좋다.

(양육자가 먼저 구체적으로 나열하기)

매일 밤 아이를 재우기 위해 씨름한다는 고민 상담을 정말 많이 받았다. 그때 한 문장의 표현으로 많은 양육자들이 기나긴 씨름을 끝낼 수 있었다.

"아빠는 세수하고, 양치하고, 로션 바르고, 잠옷 갈아입으면 끝이야. 너는 뭐뭐 하면 돼?"

보통 어른들은 자신의 할 일은 알아서 하므로 아이가 해야 할 일만 말한다. 이때 아이 입장에서는 나에게만 재미없는 일을 시킨다는 불만이 생기기도 한다. 양육자가 아이가 해야 할 일은 물론, 눈높이를 맞춰 자신이 할 일도 말해주는 것은 아이에게 큰 재미 요소이다. 아이는 양육자와 자신이 동시에 서로 다른 일을 하러 가는 것 자체에 흥미를 느끼기 때문이다.

양육자가 자신의 할 일을 나열할 때는 비교적 세세하게 말할수록 좋다. 예를 들어 위의 예시 문장에서는 양치와 로션 바르기 등 작은 행동들까지도 나열했다. 어른들은 씻고 옷 갈아입기 정도만 말해도 그 사이의 과정들을 자연스럽게 인지하지만 아이들은 아직 그렇게 이해하기가 어렵다. 그러므로 '내일 유치원 갈 준비'라는 표현보다는 '유치원 가방에 물통 넣기' '새 손수건 챙기기' '입고 갈 옷 미리 꺼내두기'처럼 구체적인 행동을 하나하나 나열해 주는 것이 좋다. 이렇게 서로 해야 할 일을 구체적으로 나열했다면 함께 시작하면 된다. 다음 장에서는 해야 할 일을 시작할 때 활용할 수 있는 한 문장을 소개하고자 한다.

즐겁게 행동하도록 이끄는 말

"우리 다 하고 신발장 앞에서 만나!"

"누가 먼저 정리하는지 시합할까?"

해야 할 일에 약간의 재미 요소를 더해주면 아이는 금방 흥미를 느낄 수 있다. 예를 들어 각자 해야 할 일을 다 하고 나서 만날 곳을 정하거나 시합처럼 승부욕을 자극하여 즐거움을 더해줄 수 있다. 나는 지금도 "다 하고 ○○에서 만나"라는 표현을 많이 사용한다. 주로 잘 준비를 한 뒤에 침대에서 만나기로 하거나 외출 준비 후 신발장 앞에서 만나자고 활용한다. 집이 허허벌판처럼 큰 것도 아니기에 어디서 만나자고 정하는 표현이 어색하게 느껴질 수 있다. 하지만 활용해 보면 아이의 행동에서 활기가 느껴질 것이다.

이런 표현들은 앞 장의 '스스로 하도록 돕는 말'과 함께 활용하기 좋다. 식사 준비를 하는 양육자와 한참 놀이에 빠진 아이를 상상해 보자.

"10분이면 식사 완성되는데 그때까지 밥 먹을 준비할 수 있겠어?"

(마음의 준비)

"요리가 거의 끝났어. 나는 반찬 하나 더 꺼내고, 손을 싹싹 씻고, 물을 한 컵 떠서 앉으면 돼. 너는 뭐뭐 하면 돼?"

(구체적으로 나열)

보통 아이들은 이기고 싶은 본능이 있으므로 양육자가 말한 것 보다 개수를 적게 말하거나 할 일을 비교적 간단하게 말하려고 한다. "나는 손만 씻으면 끝인데~"처럼 말이다. 그럼 그때 즐겁게 행동하도록 이끄는 말을 해주면 된다.

"오케이, 그럼 각자 할 일 다 하고 식탁에서 만나자!"

(만날 곳 정하기)

이렇게 양육자가 한 문장의 표현을 더해주는 것만으로 손 씻고 밥 먹으러 오는 당연하고 별것 아닌 일이 흥미로운 일로 바뀐다.

(시합하기)

잘 준비, 외출 준비처럼 빠른 행동이 필요할 때는 시합으로 승부욕을 자극할 수 있다. 이때 양육자가 종종걸음을 하며 속도를 내면 아이도 신나게 속도를 올리기 시작한다.

> "잘 준비 다 하고 침대에서 만나! 누가 먼저 도착할까?"
> "외출 준비 다 하고 신발장 앞에서 만날까? 먼저 오는 사람이 이기는 거야."

시합이 끝난 뒤에는 즐거운 감정을 잘 기억할 수 있도록 대화로 마무리해 준다.

> "잘 준비하는 거 정말 재미있다~"
> "오늘 집 정리 시합한 거 너무 신났어."

이왕 해야 할 일이라면 즐겁게 하는 태도는 참 소중한 삶의 기술이다. 어디에서도 이런 것을 특별히 가르쳐 주지는 않기에 양육자가 아이에게 꼭 전해줘야 한다는 생각이 든다. 일상적이면서 필수적인 일들, 또는 귀찮고 하기 싫은 일들을 즐겁게 할 수 있다는 사실을 아이가 경험으로 알게 해주면 좋겠다.

보상에 의존하지 않는 말

”

"숙제하자. 그리고 아이스크림 사 먹으러 가자."

"아빠 올 때까지 잘 기다려줘. 그리고 놀이터 가서 놀자."

우리가 은연중에 많이 사용하는 표현 중 하나가 '대신'이다. "숙제 다 해놔, 대신 다 하면 장난감 사줄게" "결혼식장에서는 조용히 있어야 돼, 대신 얌전히 있으면 끝나고 공원에 놀러갈 거야" 등의 표현이 익숙하지 않은가? 할 일을 잘 하면 보상을 주겠다는 표현이다. 물론 아이들에게 보상은 중요하지만 그보다 더 중요한 것은 보상에 의존하지 않는 것이다. 보상을 얻기 위해 어떤 일을 참고 견디는 순간보다 양육자와 함께이므로 기꺼이 하는 순간이 훨씬 많아져야 한다.

(‘그리고’를 활용하기)

‘대신’이라는 표현을 ‘그리고’라는 표현으로 바꿔보자. 아이가 무언가를 잘해서 보상을 받는 것이 아니라는 것을 알려줄 수 있다. 또 해야 할 일이기 때문에 하는 것이며, 그 이후에 같이 즐거운 일을 할 수 있다는 암시를 주는 것이다. ‘대신’은 대가가 없으면 행동을 지속할 이유가 없는 표현이지만, ‘그리고’는 할 일과 보상을 개별적으로 존재하게 만든다. “할머니 집에서 놀고 있어, 대신 엄마 끝나고 오면 맛있는 거 사 먹자”라고 말하면 아이는 할머니 집에서 놀고 있는 시간은 견뎌야 하는 힘든 시간이고 맛있는 것을 먹는 시간은 즐거운 시간처럼 느낀다. 양육자에게 그러려던 의도가 없었더라도 작은 단어 하나가 만들어내는 뉘앙스가 이렇게 다르다.

> “할머니 집에서 놀고 있어. 그리고 엄마가 오면 다 같이 맛있는 거 사 먹자.”

삶에는 우리가 하고 싶은 일과 하고 싶지 않은 일들이 뒤섞여 있다. 아이가 보상에 의존하지 않게 해야 삶에서 다가올 여러 가지 일들을 차곡차곡 해낼 수 있다. ‘힘든 일을 했으니 좋은 일을 하는 거야’가 아니라 ‘조금 참아야 하는 일들도 있고 즐거운 일도 있단다’라는 메시지를 전해주자.

이해력을 높이는 말

"이 그림 봐봐, 아빠가 설명해 줄게."

"아~ 그게 왜 그렇게 되는 거냐면~"

"이건 이렇게 봐야 하는 거야" "꼭 양손으로 잡고 해야 하는 거라니까" 같은 표현은 아이에게 전혀 와닿지 않는다. 양육자는 아이에게 차분하게 설명하기보다는 "하라면 해!" 방식을 많이 쓴다. 어른들에게는 이미 너무 당연한 일이라 아이의 눈높이에 맞춰 설명하는 것이 쉽지 않다. 그래도 설명해 줘야 한다. 가능하면 자세히 설명해 주고 간단한 그림을 그려주는 것도 좋다. 3~7세는 이해하는 능력을 키우기 가장 좋은 시기다. 이 시기 양육자는 더 많이, 더 재미있는 방식으로 아이에게 설명해 줄 방법을 고민해야 한다.

(스토리텔링으로 이해시키기)

아이의 첫 이가 흔들려 치과에 간 적이 있다. 당시 아이는 잔뜩 겁에 질린 상태였다. 나는 치과로 향하는 내내 어떤 일이 일어날지 설명해 주며 발치 후 축하파티를 하자고 아이를 다독였다. 하지만 아이는 막상 치과에 가서 덜컥 겁을 냈다. 나는 의사선생님께 양해를 구하고 잠깐 아이를 데리고 나왔다. 가방에서 종이와 펜을 꺼내어 흔들리는 치아와 그 밑에 새로 올라오려고 기다리는 치아들을 그렸다. 그러고는 역할극을 하면서 두 치아가 티격태격하고 있음을 보여주었다.

"아 비켜줘~ 내가 나가야 해~"

"싫어! 안 나갈 거야!"

"흠… 그럼 옆으로 비집고 나가볼까? 그냥 이 안에 살까?"

양육자가 말로만 설명할 때보다 스토리텔링을 활용할 때 아이의 흥미가 훨씬 높아진다. 반드시 대단한 소품을 준비하거나 세밀하게 그림을 그려줘야 하는 것은 아니다. 말이 주는 자극보다는 그림, 행동 등으로 이야기가 더해졌을 때 아이가 쉽게 이해할 수 있다.

(이해력을 높이는 손짓)

크기나 양을 비교할 때나 어떤 일이 일어나는 모습을 손짓으로 묘사하는 것도 아이의 이해력을 높인다. 손짓이 더해지면 일단 흥미롭다. 그럼 아이는 그저 듣기만 하는 것이 아니라 보기도 하고 따라 하고도 싶어진다. 흥미로우면 뇌는 정보를 쏙쏙 빨아들인다.

쉬지 않고 달리기 시합을 하자는 아이에게 나의 에너지와 아이의 에너지 크기를 손짓으로 설명해 준 적이 있다. 어렸을 땐 에너지 통이 가득 차 있었는데, 쓰고 쓰고 또 쓰면서 지금은 적은 양이 남아 있음을 손으로 표현했다. 반면 아이의 에너지는 너무 커서 넘치는 상태라고 과장된 손짓으로 표현해 주었다. 커다랗게 펼친 손과 반 정도로 오므린 손을 각각 보여주니 아이가 깔깔 웃으며 고개를 끄덕였다. 그날의 설명이 재미있었는지 이후에도 아이는 내가 침대에 누울 때면 손짓을 따라 하며 물었다. "오늘 에너지가 이만큼만 남은 거구나?" 그리고 에너지를 충전하는 엄마의 시간을 존중하기 시작했다.

이해력이 높아진다는 것은 아이가 단순히 똑똑해지는 것 이상의 의미다. 상황과 맥락을 읽는 힘이 길러지고 그에 맞게 행동하는 법을 찾는 능력이 커지는 것이다. 그에 따라 육아가 수월해지는 것은 덤이다. 지금은 아이에게 계속해서 설명해 주는 시기다. 귀찮고 힘들게 느껴지는 순간도 있을 수 있지만 3~7세 지금 아이에게 해준 말들이 아이 삶의 양분이 될 것이다.

“

자존감을 높여주는 말

”

“○○(이)는 정말 그걸 잘한다니까~”

“이런 점 때문에 ○○(이)랑 같이 다니는 건 너무 즐거워.”

3~7세 아이들은 다른 사람에게 무언가를 보여주는 행동을 좋아한다. 혼자서 해도 될 일을 꼭 “이거 봐봐” 하고 보여주려 한다. 또 무언가를 하나 만들면 우다다 뛰어와 요리조리 보여주고는 다시 간다. 나는 이것을 ‘열매를 따 먹는 과정’이라고 표현한다. 아이는 자신의 행동을 보여주면서 양육자의 표정을 보고 칭찬과 인정의 말을 듣는다. 그 달콤한 열매를 따 먹기 위해 열심히 달려와 보여주는 것이다.

이렇게 칭찬 열매, 인정 열매를 많이 먹은 아이들은 품이 넉넉해지고 이것이 자존감의 바탕이 된다. 자신이 사랑받을 가치가 있는 사람이라는 믿음은 어느 날 갑자기 땅에서 솟아나지 않는다. 아이는 양육자에게 받은 인정을 바탕으로 자기 확신을 갖게 되고, 더 인정받기 위해서 노력을 기울인다. 보여주고 뽐내며 인정받고 칭찬받는 것을 즐긴다. 그런 시간들이 쌓이다 보면 훗날 그 열매를 꼭 타인에게서 얻지 않아도 스스로 맛볼 수 있음을 깨닫는다.

(대신 자랑해 주기)

조용히 아이에게 전해주는 칭찬과 인정도 좋지만 다른 사람에게 자랑하고 소문내는 모습을 보여주면 아이의 뿌듯함이 커진다. 좋은 물건을 발견했을 때 혼자 만족하며 쓰는 것보다 주변에 소문내는 것처럼 아이의 좋은 점을 자랑하자.

"○○(이)는 이렇게 어른들과도 대화를 잘한다니까?"
"너는 항상 엄마를 도와줘서 같이 다니면 큰 힘이 돼."

아이는 옆에서 놀이를 하다가도 한 귀로는 양육자의 말을 다 듣는다. 칭찬하는 것에 인색하지 말고 인정해 주는 것을 겁내지 말자. 지금이 아이가 평생 살아갈 삶의 양분을 만들어 주는 시기라고 생각하면 전혀 아낄 필요가 없다.

분리 시간을 알려주는 말

"같이 할래? 놀면서 기다릴래?"

"도움이 필요하면 말해줘~"

앞서 요리, 빨래, 방 청소 같은 기본적인 집안일에 아이를 적극적으로 참여시키는 것이 좋다고 했다. 그렇지만 모든 집안일을 늘 함께할 필요는 없다. 어느 날은 같이 방을 정리하자고 해도 되고 또 다른 날에는 참여할지 말지 선택권을 아이에게 줘도 좋다. 양육자와 놀이를 하거나 책을 보면서 '함께하는 시간'만큼이나 반대로 각자 할 일을 하는 '분리 시간'도 중요하다.

"이제 저녁 준비해야 하는데, 계란 깨트리는 거 ○○(이)가

할래? 아니면 놀면서 기다릴래?"

아이가 요리에 참여하기로 선택하면 할 일을 함께할 수 있으니 즐겁다. 반대로 참여하지 않기로 선택해도 좋다. 아이에게 각자 다른 일을 하는 시간이라는 것을 인식시켜 주면 아이가 다리를 잡고 매달리거나 놀아달라고 조르는 일은 줄어든다. 아이가 스스로 요리에 참여하지 않기를 선택했기 때문이다.

"도움이 필요하면 말해줘."

위의 표현은 도움이 필요한 일인지 아닌지 아이가 생각하고 결정할 기회를 준다. 도움이 필요할 때는 아이가 직접 양육자에게 요청할 수 있는 기회를 만들어주는 것도 중요하다.

(함께하는 시간과 분리 시간을 나누기)

하루 일과에서 아이와 함께하는 시간과 분리 시간을 구분하자. 아이가 하원한 후, 양육자가 일을 마치고 귀가한 경우처럼 떨어져 있다가 다시 만나게 되었을 때는 가능한 집안일보다 아이와의 시간에 우선순위를 두는 것이 좋다. 잠시 스마트폰을 내려놓고 할 일은 머릿속에서 미뤄두고 일단 아이와 신나게 한바탕 노는 시간을 우선순위로 두자. 그러고 나서 혼자서 충전이 필요할 땐 분리 시간을 가지면 된다. 이때 아이에게 계획을 미리 공유해 줄 수 있다.

"잘 있었어? 같이 간식 먹고 신나게 놀까? ○○(이)랑 놀이 타임 먼저 하고 나서 아빠는 식사 준비를 할게."

행복한 아이로 키우는 말

"와~ 이것 봐봐. 이런 게 있었네!"

"그래서 어떻게 된 거야?"

인생은 태어나는 순간부터 배움의 연속이다. 우리는 모두 새로운 것을 보고 듣고 접하고 배우면서 성장한다. 비단 아이들만의 이야기가 아니다. 인생에서 배움을 즐겁게 느끼느냐 아니냐가 곧 인생을 즐기느냐 아니냐로 연결되기도 한다. 아이와 함께 새로운 곳에 가고 무언가를 보거나 듣고 경험할 때 양육자가 먼저 눈을 반짝이며 궁금해하고 기뻐하자.

"와~ 이거 너무 신기하다! 이런 게 있었나?"

"어머, 나 이거 할 줄 알게 됐어!"

새롭게 알게 된 것을 보며 마음껏 신기해하자. "뭘 또…" "그냥 좀 냅둬" "나는 안 할래" 등 귀찮음과 무기력을 담은 표현들을 자주 사용하면 아이는 배움에 흥미를 갖지 못한다.

(배움은 대화로 확장된다)

배우는 것을 두려워하지 않는 사람들은 누군가를 만났을 때 '나한테 말 걸지 않았으면 좋겠다'라고 생각하기보다는 자연스럽고 편안하게 대화한다. 그 속에 새로운 배움이 있음을 알기 때문이다. 이렇게 열린 마음으로 누구와도 대화를 잘 나누는 사람들은 삶의 만족도가 높을 수밖에 없다.

"아~ 그렇구나! 그래서 어떻게 된 거야?"
"그럼 이건 어때? 난 이렇게 생각했어."

아이의 이야기에 고개를 끄덕이며 다음 내용에 호기심을 보이자. 나의 생각을 말해주며 '대화'를 시도해 보자. 우리 아이는 지금 배우는 것을 좋아하는가? 여러 가지 대화를 나누는 것을 즐거워하는가? 이 2가지를 사항을 체크하면서 이끌어주면 된다.

Chapter 5

더 고민해 볼만한 6가지 이야기

영상 노출 괜찮을까?

"30분만 보고 끄는 거야. 약속!"

"이제 끄고 공원에 가서 재미있게 자전거 타자."

영상 노출에 대해 사실 긴 설명은 필요 없을 것 같다. 이미 수많은 학자들이 정답을 이야기했는데도 마치 새로운 영향이라도 발견한 것처럼 영상 노출을 합리화하는 이야기들이 많이 나온다. 그러나 아무리 그럴듯한 이유를 붙여도 0~7세 아이에게 영상을 자주 노출하는 것은 좋지 않다.

앞 장에서 여러 번에 걸쳐 아이가 '재미'에 반응한다는 사실을 설명했다. 아직 내적 동기부여만으로 행동을 바꾸기 쉽지 않은 영유아기에는 재미있는 것에 관심을 두고 원한다. 아이 입장에서 블록 쌓기와 영상 중에 무엇이 더 재미있을까? 책과 영상 중에서는? 색칠놀이나 만들기 중에서는 어떨까? 영상은 아이가 들여야 하는 노력에 비해 얻을 수 있는 재미가 훨씬 크다. 가만히 자리에 앉아서 눈만 깜빡여도 알아서 바뀌고 움직이며, 때로는 긴장감을 주고 때로는 흥미를 불러일으킨다. 새로운 키즈 카페나 수영장에 가는 것 정도는 되어야 영상을 이길 수 있지 않을까 싶다. 이렇다 보니 영상에 노출된 아이들은 끊임없이 영상만 보려고 한다.

아이의 수많은 질문, 놀아달라는 요구를 피하기 위해 영상 노출을 시작했다가 영상과 아이를 떼어놓기 위해 훨씬 많은 노력과 시간을 들였다는 양육자들을 많이 만난다. 어떤 양육자는 영상 덕분에 아이가 똑똑해졌다고 말하기도 한다. 영상을 통해 종이접기를 배우고 로봇 조립을 배우면서 아이의 두뇌 회전이 빨라진 것 같다는 의견이다. 하지만 자신이 여러 핑계를 대면서 영상 노출을 합리화하고 있지는 않은가 다시 생각해 볼 필요가 있다.

영상에 이미 노출된 아이라면 양육자가 영상을 보여주지 않을 때 칭얼거리거나 고집을 피울 수 있다. 그럴 때 몇 번 원하는 대로 해주면 다음에 더 크게 고집을 피울 수 있다. 영상 사용 규칙을 정하고 주도권은 양육자가 가지고 있어야 한다. 양육자가 좀 수고스럽더라도 아이가 영상 없이도 시간을 잘 보낼 수 있도록 준비해 주자. 아이가 지루할 수 있는 쇼핑이나 어른들의 모임에 가야 하는 경우에는 아이가 손으로 주물럭거릴 수 있는 클레이 장난감이나 색칠공부와 색연필, 간단한 퍼즐이나 만들기 키트도 좋다.

아이가 조금 가지고 놀더니 금세 재미없다며 흥미를 잃을 수 있다. 하지만 그 고비를 몇 번은 넘겨야 한다. 그때 영상을 보여주면 돌이키기가 힘들다. "오늘은 지루해도 어쩔 수 없겠어, 다음에는 다른 장난감을 챙겨보자" 하고 어쩔 수 없는 상황이라는 것을 아이에게 알려줘야 한다. 바꿀 수 없는 상황이라는 것을 인지하면 아이는 자신이 할 수 있는 다른 것을 고민한다. 그렇게 나름대로 지루한 상황에서도 재미를 발견하고 즐기는 힘을 키워간다.

적절한 영상 노출 시간은?

영상은 힘이 세다. 분명 30분만 보려고 했는데 1시간이 훌쩍 지나간다. 영상은 영화 관람 같은 특별한 경우가 아니라면 주말에 1시간 이내로 노출하는 것을 추천한다. 주중에 영상 시청은 아예 불가능한 일로 생각할 수 있도록 규칙을 만들자. 주말에만 영상 시청을 허락하면 그 시간이 특별해진다. 또 주말은 야외 활동을 많이 할 수 있으므로 자연스럽게 영상 노출을 통제하기 쉽다.

"오늘은 토요일이니까 ○○(이)가 좋아하는 만화 봐도 돼.
만화 보고 나서 공원에 자전거 타러 나갈까?"

외출로 연결하여 자연스럽게 영상 시청을 정리하게 만든다. 이때 아이가 '스스로 영상을 통제할 수 있는 멋진 나'라는 인식을 가질 수 있도록 칭찬해 주는 것이 좋다. 구체적으로 칭찬하면 아이는 자신이 한 행동 중 어떤 것이 좋은 행동인지를 깨달을 수 있다.

> "스마트폰을 오래 보면 머리가 점점 안 좋아진다고 하던데. 우리 ○○(이)는 이렇게 적당히 보고 끌 줄 알아서 똑똑한 건가?"

아이에게 인과 관계나 효과를 설명해 주는 것도 좋다. 시금치를 먹으면 튼튼해진다는 말에 안 먹던 시금치를 먹고 자랑하는 아이도 있다. "나 이렇게 멋진 행동을 잘 하는 사람이야!" 하고 우쭐하고 싶은 마음이 있기 때문이다. 사실 이런 감정은 아이뿐만 아니라 우리 모두에게 있다. 이렇게 양육자가 상황을 만들고 유도하면 아이의 좋은 행동을 지속시킬 수가 있다.

아이는 양육자를 따라할 뿐

집에서 양육자가 스마트폰, TV를 계속 본다면 아이에게 그 영향이 고스란히 전해진다는 것을 많은 분들이 알고 있을 것이다. 양육자가 대화하면서도 스마트폰을 만지작거리는 모습, 궁금한 것이 생기면 생각해

보기 전에 바로 검색부터 시작하는 모습 등은 그대로 아이에게 입력된다. 만약 보지 않는데도 TV를 켜두는 습관이 있다면 반드시 고치자. 양육자가 보여주는 휴식의 모습이 넋을 놓고 스마트폰이나 TV를 보는 것뿐이라면 아이가 사춘기쯤 되었을 때 똑같은 모습을 보게 될 것이다. "핸드폰 내려놔!" "컴퓨터 그만!" 하고 외쳐도 양육자의 말은 아무 힘이 없다. 그동안 보여준 모습이 바로 그런 모습이기 때문이다.

건강하게 쉬는 모습을 아이에게 많이 보여주자. 몸을 움직이는 간단한 활동이나 독서, 보드게임도 좋다. 취미를 즐기거나 낮잠을 자는 것도 좋다. 아이에게 물려주고 싶은 건강한 방법을 생각해 보자.

간혹 집에서 밀려오는 업무를 처리해야 하는 경우도 있다. 같이 소파에서 놀다가 갑자기 양육자가 스마트폰을 바라보는 이유를 아이들은 알지 못한다. 가정에서 일을 해야 할 때는 아이도 함께 알 수 있도록 '디지털 기기 사용 공간'을 지정하자. 특별한 설명을 하지 않더라도 화장실로 향하면 모두가 이유를 아는 것처럼 말이다. 멋진 서재나 다용도실처럼 꼭 독립된 공간이 있어야만 하는 것은 아니다. 식탁의 한쪽 구석, 안방 옆 작은 테이블도 괜찮다. 그렇게 지정된 공간에서 양육자가 디지털 기기를 보면, 분명한 이유가 있는 것으로 아이에게 인식된다. 부디 양육자와 자녀가 소중한 시간을 손바닥 위의 기기와 보내는 일에 허비하지 않기를 바란다.

영어 학습에 영상을 어떻게 활용할까?

”

“우리 같이 노래를 불러볼까? ABCD~”

“시간을 맞춰서 정리한 거야? 우리 ○○(이) 약속도 잘 지키고 너무 멋진데!”

아이의 듣는 귀를 틔워주기 위해 영어 학습에 영상을 활용하는 양육자들이 많다. 그렇다면 앞서 설명한 영상 노출과는 분명히 달라야 한다. 학습을 목표로 영상 노출을 시작했다가 아이가 방대한 영상의 세계에 푹 빠져버려 곤욕을 치르는 경우도 많이 보았다. 영어 학습을 위해 영상을 활용할 때는 무작정 영상에 노출시키는 것이 아니라 일정 시간 정해진 영상을 틀어주는 것으로 학습을 도와줄 수 있다.

아이들이 정보를 흡수하는 능력은 정말 놀랍다. 아이들은 작은 행동이나 표현, 숨은 메시지까지도 그대로 흡수한다. 그러므로 아이에게 노출해도 괜찮은 영상인지 양육자가 먼저 선별하자. 많은 양육자들에게 검증받은 영상, 분위기가 부드럽고 밝은 영상, 노래와 함께 진행되는 영상 등이 좋다. 제작사에서 특정 목적을 숨기지 않았는지도 확인하는 것이 좋다. 또 알파벳, 파닉스 등 기초 교육 영상을 검색할 때는 한국어로 검색하기보다 'ABC song' 'Phonics Song' 'Kids English Song' 등을 검색하여 완전히 영어로만 이루어진 영상을 선정하는 것을 추천한다.

공기계를 활용하기

5~10개 정도의 영상을 공기계에 다운받아 아이용 학습 기기로 만드는 것이 가장 좋다. 양육자의 핸드폰에 다운받은 뒤 아이에게 줄 때는 인터넷 연결을 끊는 것도 방법이다. 알고리즘에 의한 영상들에 무분별하게 노출되는 것을 막아준다. 영상 노출이 처음이라면 영상 개수가 적어도 아이가 충분히 재미를 느끼므로 5~6개의 영상을 충분히 반복해서 보여주자. 일정 기간마다 한 번씩 새로운 영상을 추가해 주면 된다. 이렇게 양육자가 영상을 선별하고 다운받는 것이 귀찮을 수 있다. 하지만 노력을 기울일 만한 가치가 있다. 다운받은 영상을 한 번씩 다 보면 기계를 끄기로 아이와 약속하거나 시간제한을 두는 등 스스로 정리하는 습관을 만들어주는 것도 중요하다. 볼거리가 무수히 많은 상황이 아니기에 아이가 비교적 약속을 잘 지킬 수 있다.

영상을 보면서 상호 작용 하기

나의 경우, 아이가 직장 내 어린이집을 다녔기에 아침마다 차로 40분 정도 함께 이동해야 했다. 나는 간혹 이동 시간에 너무 힘들어하는 아이를 위해 공기계에 영어 동요를 불러주는 영상 몇 개를 담아주었다. 사실 영어 듣기가 목적이라기보다는 한국어가 나오는 영상은 재미를 크게 느낄 것 같아 흥미를 좀 낮추고자 영어 동요를 선택했다. 나는 선별된 영상을 아이가 종종 차에서 볼 수 있도록 설치해 주었다. 그리고 운전을 하면서 아이를 혼자 두지 않고 영상의 내용을 함께 보는 것처럼 상호 작용 했다.

"우와~ 이 소리는 토끼가 깡충깡충 뛰는 소리인가?"

눈을 떼지 못하고 영상으로 빠져들었던 아이가 짧게라도 몇 마디 대답을 했다. 아이가 영상을 보고 있을 때 내용과 관련된 질문을 던지거나 웃긴 장면이 나오면 같이 깔깔 웃는 것이 바로 상호 작용이다. 노래가 나오면 따라 부르기도 하고 얼마만큼 좋은지 1~10까지 숫자로 표현하게 하기도 했다. 영상에 푹 빠져들어 뇌가 최소한의 움직임만 하지 않도록 양육자가 상호 작용 하면서 아이의 뇌를 활성화하는 것이다.

어떤 분들은 아이에게 영상을 틀어주는 이유 중 하나는 양육자도 좀 쉬고 싶어서인데 이렇게 하면 너무 힘들지 않느냐고 묻는다. 물론 나도 그 말에 동의한다. 하지만 초기에 좋은 방향을 잡아주는 것이 중요하다. 나중에 아이가 영상을 계속 보여달라고 떼쓰는 일, 멍한 표정으로 영상에 빠져 있는 일은 줄일 수 있다. 훗날 영상에 푹 빠져버린 아이에게 들일 노력에 비하면 훨씬 덜 힘들다.

앞서 소개한 방법을 활용하여 수월하게 영어 듣기를 해낸 사례가 많다. 아이가 반복되는 노래를 양육자와 같이 부르고 또 부르며 자연스럽게 학습이 일어나고 언어에 대한 흥미가 생긴다. 많은 것을 보여줄 필요는 없다. 반복해서 노출하고 재미를 더해주는 것이 핵심이다. 아이가 외우게 되면 더 재미를 느낀다. 또 부모에게 칭찬을 받고 신기하게 바라봐 주는 눈빛을 마주하면 집중을 더해 내용을 듣게 된다.

영상으로 귀가 트이기 시작한 아이에게는 놀이로 영어를 활용할 수 있게 도와주면 좋다. 알파벳 자석, 영상에 등장한 캐릭터들이 나오는 그림책 등을 활용하면 도움이 된다. 또는 양육자가 아이와 놀아주다가 불쑥 영어 동요를 같이 부르는 것도 좋다.

시간을 정하고, 약속을 지키고, 칭찬해 주고, 영상 이후의 시간도 즐겁게 만들어주자. 또 아이가 멋지게 스스로 영상 시청을 종료하면 아낌없이 칭찬해 준다. 아이의 그런 행동이 얼마나 좋은 결과들을 가져다주는지 이야기하며 기특하다고 말해주자.

놀이터에서 같이 놀까? 지켜볼까?

"오늘은 엄마가 할 일이 있어서 ○○(이)가 노는 동안 저기 앉아 있을게. 필요한 것이 있을 때는 언제든지 엄마한테 와. 알겠지?"

놀이터는 양육자가 아이와 참 많이 가게 되는 장소 중 하나다. 놀이터에 가면 아이와 함께 신나게 노는 것이 좋을까? 아니면 아이가 혼자서도 잘 놀 수 있도록 지켜봐 주는 것이 좋을까? 핵심은 같이 노느냐 따로 노느냐가 아니다. 육아하며 벌어지는 상황은 매우 다양하기 때문이다. 어느 날은 아이와 함께 모래놀이를 한바탕하며 같이 뛰어다닐 수 있고, 어느 날은 커피 한 잔을 들고 벤치에 앉아 노는 아이를 바라볼 수도 있다. 같이 뛰어놀면 좋은 부모, 한쪽에 앉아서 기다리면 나쁜 부모인 것은 아니니 말이다.

(자리를 정하고 공유하기)

아이와 놀이터에 가면서 놀이에 합류할 것인지 아닌지를 정하여 아이에게 공유해 주면 아이는 그에 맞게 자신의 놀이를 계획할 수 있다. 만약 아이가 모래놀이를 하고 싶어 할 때 양육자가 같이 할 수 있을 것 같다면 이렇게 말할 수 있다.

"좋았어. 오늘은 가서 같이 커다란 모래성을 만들어보자!"

아이와 놀이를 함께하기 힘들 때도 분명 있다. 그럴 때는 아이가 노는 동안 양육자가 어디에 있을 것인지 위치를 공유해 주고 필요할 때는 언제든 찾아오면 된다고 알려주면 된다.

"엄마는 저기 나무 아래서 친구랑 얘기하고 있을게. 도와줘야 할 일이 있으면 와서 말해줘."
"맛있는 주스랑 과자가 있으니까 먹고 싶을 때는 저기로 오면 돼."

이렇게 말해주면 아이가 상황을 인지한 상태에서 스스로 선택할 수 있는 선택지가 생기는 것이다. 그러므로 아이는 양육자와 떨어져 있어도 안전감을 느낄 수 있다. 집으로 가야 할 타이밍도 사전에 공유한다.

"앞으로 30분 정도 놀 수 있어. 집에 가기 5분 전에 말해 줄게."

이렇게 일어날 일을 아이가 예측할 수 있도록 양육자가 미리 알려주는 것이 좋다.

(이런 태도는 주의한다)

아이의 옆에서 놀아주면서도 다른 한 손으로는 스마트폰을 만지작거리며 무심한 표정을 짓는 양육자를 보면 참 속상하다. 그런 태도는 상대방을 무시하는 태도와 같다. 아이라는 이유로 상대방을 존중하지 않는 행동을 당연스럽게 하고 있지는 않은지 주의하자. 이런 양육자의 태도는 아이의 마음에 상처를 주기도 한다. 사춘기가 된 한 아이가 엄마, 아빠는 자신과 노는 것을 즐거워한 적이 없다며, 엄마, 아빠와 있는 시간이 재미없다고 말하는 것을 보았다. 아이와 함께 시간을 보내기로 결정했다면 즐거운 시간으로 만들자. 양육자에게는 유치하고 즐겁지 않은 놀이일지라도 아이와 눈높이를 맞추고 함께 즐거움을 찾아가려는 열의를 보이자. 부모의 모든 행동을 아이는 보고 배운다. 함께 놀기가 힘들다면 벤치에 앉는 것도 좋다. 할 일이 있거나 몸이 안 좋을 때는 아이에게 상황을 이야기하자. 적극적이지 않은 태도로 놀아주는 것보다 훨씬 낫다.

가장 안 좋은 태도는 양육자가 감독처럼 행동하는 것이다. 양육자가 놀이나 활동에 참여하지도 않으면서 벤치에 앉아 수시로 지시하는 것을 본 적 있을 것이다.

"손으로 얼굴 만지지 말라고 했지."

"천천히 뛰어야지. 자꾸 그러면 집에 간다."

"동생 먼저 도와줘야지. 옆에서 기다리잖아."

이런 표현들을 들으면 아이는 어떤 생각이 들까? 엄마, 아빠가 없는 곳에서 자유롭게 놀고 싶다는 생각이 커진다. 놀이에 참여하지 않기로 한 날은 적당히 못 본 척, 못 들은 척하는 것이 좋다. 한마디 하고 싶은 순간이나 당장 달려가 손을 털어주고 싶은 순간에도 참아야 한다. 아주 위험한 상황이 아니라면 아이가 알아서 하도록 내버려둔다. 도움이 필요한 아이가 스스로 찾아오도록 하는 것이 좋다. 놀이터에 있는 것들을 아이 마음대로 만져보고 올라타기도 하면서 마음껏 놀게 하자. 종종 놀고 있는 아이와 눈이 마주치면 엄지를 높이 치켜세워 주자. 잔뜩 지저분한 상태로 흙바닥을 파고 있는 아이라 할지라도 말이다.

양육자가 놀이터에서 아이와 같이 놀 것인지, 지켜볼 것인지는 중요하지 않다. 핵심은 무엇을 택하든 그에 맞는 역할을 하는 것이다. 같이 놀기로 했다면 동심으로 돌아가 신나게 같이 놀아야 한다. 아이 인생에 몇 년 없는 소중한 시간이므로 한 손에 스마트폰을 들고 대충대

충 보내지는 말자. 지켜보기로 했다면 아이가 마음껏 리더십을 발휘하도록 두어야 한다. 하고 싶은 말이 있더라도 조금 참으며 그저 아이를 응원해 주자. 놀이터에서 양육자가 해야 할 역할은 감독관이 아니라 조력자이기 때문이다.

"

아이에게 어떻게 사과해야 할까?

"

"아까 엄마가 소리 질러서 깜짝 놀랐지? 미안해. ○○(이)도 답답해서 같은 말을 반복한 건데 엄마가 순간 너무 화가 나서 그랬어. 용서해 줄래?"

마음과 다르게 버럭 화를 냈다가 별것도 아닌 일로 아이를 꾸짖은 것 같아 마음이 무거워지는 날이 있다. 가장 좋은 것만 주고 싶은 자식이건만 큰 상처를 준 것은 아닌지 걱정하고 후회한 경험이 있는가? 상호간에 일어난 일이 한 사람만 지워낸다고 사라지는 것은 아니다. 당사자인 아이와 함께 갈등을 풀어내는 과정이 필요하다. 양육자에게 상처받은 아이들과 이야기를 나눠보면 한마디 말 때문에 상처받은 아이는 많지 않다. 주로 2가지 경우를 가장 많이 발견한다. 첫 번째는 지속적이고 습관적으로 상처받은 경우다. 두 번째는 아이는 양육자의 사과를 기다렸지만 끝끝내 사과받지 못한 경우다. 아이 마음에 남은 서운함 또는 억울함이 그대로 상처로 곪아버린 것이다.

아이에게 상처가 되는 줄 알면서도 화를 이기지 못해 내뱉고 마는 말들이 있다. 말하기 전에 스스로 인식하고 조절하면 좋았겠지만 이미 뱉어버렸다면 반성하고 사과하는 과정이 필요하다. '뭘 이정도 가지고' '혼날 만했으니 혼낸 거지' 하고 스스로의 잘못을 축소하거나 합리화하지 말자. '다들 그 정도는 하지' 하고 일반화하거나 '다음부터는 절대 그러지 말아야지' 하고 일방적으로 후회하는 것도 좋지 않다. 양육자 혼자서만 해결해 버린 것이기 때문이다. 아이에게는 상처가 그대로 남아 있다.

(지혜로운 양육자의 표현)

지혜로운 양육자는 아이를 권위로 키우지 않는다. 대화로 키운다. 양육자가 삶의 여러 문제를 대화로 풀어나갈 때 아이 마음속에 양육자에 대한 존경이 자연스럽게 자리 잡힌다. 아이에게 자신의 부족함을 고백하는 것을 겁내지 말자. 지위나 위상을 이유로 꼿꼿한 태도를 유지해봐야 남는 것은 아이와의 거리감뿐이다.

"어제 너와 그런 일이 있고 나서 마음이 너무 안 좋았어."

(감정 공유)

"아무리 화가 나도 그렇게 말하면 안 되는 거였는데, 어제는 아빠도 너무 화가 나서 참아지지가 않았어."

(설명)

"크게 소리 지르고 화내서 진심으로 미안해. 사과할게."

(사과)

"아빠 용서해 줄 수 있어?"

(화해 요청)

감정을 공유하고 아이에게 사과한 뒤 화해를 청한다. 아이가 원인을 제공해서 시작된 일이라 하더라도 그것이 양육자가 보여준 행동의 합리적 이유일 수는 없다. 아이가 잘못한 일은 아이가 사과하고 배워야 할 일이다. 마찬가지로 양육자가 잘못한 일도 그렇게 하면 된다. 주의할 점은 양육자가 사과할 때 아이의 행동을 다시 들추지 않는 것이다. 어제 그렇게 말한 것은 미안하지만 네가 나쁜 행동을 해서 그런 것이라는 식으로, 사과를 가장한 지적을 하지 않도록 조심해야 한다.

나는 아이에게 한 번도 사과해 본 적이 없다는 아빠를 상담한 적이 있다. 점점 화내는 빈도를 줄이며 발전을 보이는 양육자였다. 분명 화내는 빈도는 줄었지만 여전히 종종 화를 냈고 사과는 한 번도 못 한 상태였다. 그분은 상담을 통해 본인 또한 살면서 한 번도 부모의 사과를 받지 못해 가슴 깊이 상처를 갖고 있음을 깨닫고 나서야 용기 낼 수 있었다. 아이에게 처음 사과할 때 마치 커다란 일을 치르는 것처럼 복잡하고 무거운 마음을 보였다. "그때 아빠가 소리 지르면서 말한 거 미안해"라는 짧은 한마디를 며칠 동안 회피하다가 겨우 용기를 냈다. 놀라운 것은 그날 이후로 사과가 조금씩 쉬워지기 시작했다는 사실이다. 아이에게 사과하기까지 훨씬 짧은 시간이 걸렸고, 어떤 날은 화를 내던 중간에 자신의 모습을 인지하고 사과하기도 했다. 아이는 쉽게 사과하는 아빠를 무시할까? 결코 그렇지 않다. 부족한 부분까지도 나누는 사이가 되면서 아빠의 말에 더 힘이 생기고 관계가 더욱 가까워진다. 아이에게 상처 준 것은 아닌가 걱정될 때는 진심으로 사과하자. 미안하다는 표현이 어렵고 두려운 표현이 되지 않도록 해야 한다.

엄마와 아빠는 한편이어야 할까?

"아빠가 과자를 그만 먹으라고 가져갔구나. 이따 밥을 맛있게 먹고 나면 아마 간식을 먹을 수 있을 거야. 엄마가 도와줄게."

한 아이가 늦게까지 놀다가 뒤늦게 목욕을 시작했다. 아이는 따뜻한 물이 몸에 닿으니 졸음이 몰려오는지 계속 하품을 쏟아냈다. 그런데 목욕을 마친 아이가 장난감을 다시 가리키는 것이다.

"나 저거 장난감 놀이 좀만 더 하고 잘래."

"지금 너무 늦어서 안 돼. 우리 얼른 자기로 했지?"

그러자 아이는 입을 삐죽거리더니 울음을 터뜨리고 말았다. 엄마는 안 된다는 단호한 말을 남기고 화장실로 들어갔다. 남은 건 아빠와 우는 아이 둘 뿐이었다. 잠시 후 샤워를 마친 엄마가 화장실에서 나왔을 때 아이는 잠옷을 다 챙겨 입고 미소를 지으며 이렇게 말했다.

"엄마, 장난감 딱 10분만 갖고 놀게요. 약속."

아이는 엄마의 마음을 사르르 녹이는 미소와 사랑스러운 말투를 사용하며 조금 전과는 완전히 다른 전략을 보여주었다. 여기서 아이가 칭얼거리지 않고 다른 모습을 보여주게 된 비밀은 바로 아빠다. 엄마가 없을 때 아빠가 아이의 비밀스러운 지원군이 되어준 것이다. 아빠는 속삭이며 아이를 달래고 작전을 세웠다.

> "우리 잘 준비 다 하고 예쁘게 엄마한테 한 번 더 부탁해 보자? 대신 약속 꼭 지켜야 돼. 딱 10분만 놀고 자는 거야. 할 수 있겠어?"

아빠와의 비밀 작전에 신이 난 아이는 그대로 행동했고 원하는 것을 얻어냈다. 이때 아이는 장난감보다는 아빠와의 비밀 작전을 성공하는 데에 모든 관심을 쏟는다. 결국 몇 번 장난감을 만지작거리다 아이 스스로 정리했다. 원하는 것을 얻었고, 재밌게 놀았고, 약속을 지키고, 칭찬받았다. 그리고 기분 좋게 잠자리에 들었다. 울고 안 된다고 혼나고 양육자와 아이 모두 진땀을 뻘뻘 흘릴 뻔한 일을 완전히 다르게 풀어낸 것이다.

육아를 할 때 많이 나타나는 실수는 아이를 제외하고 엄마, 아빠가 한편이 되어버리는 경우다. 한 사람이 단호한 결정을 내리면 다른 한 사람은 행동 대장처럼 움직인다. 그 어느 때보다 손발이 척척 잘 맞는 한 팀처럼 군다. 아이만 빼고 말이다. 예를 들어 엄마가 "안 돼, 이제 사탕 그만" 하고 지시하면 아빠는 "거봐, 너무 많이 먹는 것 같더라, 이리 줘" 하고 아이 손에서 사탕을 뺏는 것 같은 상황이다.

물론 이렇게 하면 상황이 쉽게 종료되는 듯 보인다. 하지만 어디까지나 엄마, 아빠의 입장일 뿐 아이는 다르다. 아이는 서운한 마음에 결국 울음을 터트리거나 불만스러운 마음으로 엄마, 아빠의 말을 따른다. 아직 아이는 힘이 없으니까 따를 수밖에 없다. 하지만 이런 권위, 힘에 의한 굴복은 생각보다 금방 뒤집힌다. 아이는 힘이 생기는 족족 더 고집을 피우고 더 우길 것이다. 그럼 육아는 점점 쉬워지는 것이 아니라 가면 갈수록 힘들어진다.

(비밀 지원군의 역할)

부모 둘 중 한 명은 아이의 편에 서야 한다. 이때 한 명의 양육자가 한 말에 반하는 행동을 하거나 아이 편을 슬쩍 들어주라는 것이 아니다. 아이가 혼나고야 마는 상황이 오기 전에 좋은 행동을 잘해나갈 수 있도록 비밀 지원군이 되어주는 것이다. 예를 들어 엄마가 "안 돼, 이제 사탕 그만" 하고 말할 때, 아빠는 조용히 아이에게 다가가서 이렇게 말해줄 수 있다.

"이제 그만 먹어야 된대. 그럼 우리 이거 잘 숨겨뒀다가 저녁 먹고 나서 딱 하나만 더 먹을까? 어디다 두면 좋을까?"

또는 아빠가 "이제 그만, 빨리 장난감 정리해야지" 하고 말하면 엄마는 아이에게 다가가 이렇게 말해줄 수 있다.

"시간이 너무 늦었네. 우리 바구니에 장난감 빨리 담기 시합할까?"

물론 아이가 싫다고 칭얼거릴 수도 있다. 그럼 "장난감 정리 얼른 하고 침대에 숨기 놀이하자, 정리 싹 해놓고 우리가 숨으면 아빠가 깜짝 놀랄 거야" 하며 다른 놀이로 아이의 행동을 이동시킨다. 한 명의 양육자는 아이와 한편이 되어 같이 방법을 찾는 것이다. 이것이 바로 비밀 지원군의 역할이다.

보통 행동 대장은 이런 과정을 거친다. A라는 행동을 요구 → 행동을 강제 이행시킴 → A가 이루어짐. 이 안에는 '단호한 지시, 강제성'이 들어 있다. 아이는 화나거나 서운함을 느낄 수 있고 울거나 시끄럽게 떼쓸 수도 있다. 그럼 행동대장은 더 단호하게 말하고 결국 아이를 혼내게 된다.

반면 비밀 지원군은 이런 과정을 거친다. A라는 행동을 요구 → 어떻게 하면 좋을지 함께 의논→ 함께 결정한 방법으로 행동→ A가 이루어짐. 동일하게 단호한 지시로 시작하지만 이 안에는 '팀워크, 지지'가 들어 있다. 또한 아이는 좋은 방법을 의논해서 결정하는 경험을 통해 즐거움을 느낄 수 있다. 그럼 양육자는 기특한 마음을 칭찬으로 표현하게 된다.

결국 'A가 이루어진다'는 같은 결론에 도달하지만 과정은 완전히 다르다. 그 과정 속에 사용되는 언어 표현, 감정, 형성되는 아이의 정서가 다르다. 아이와 함께하는 삶에서 이런 일은 수시로 일어난다. 그때마다 양육자가 어떤 자세로 아이와 문제를 해결하는지가 정말 중요하다. 부모 교육 현장에서 만난 한 분이 이런 이야기를 하신 적 있다. "우리 아버지는 정말 엄하셨어요. 반찬 투정을 하면 밥 먹지 말라고 호통을 치셨죠. 고기가 질겨서 질기다고 했을 뿐인데요. 그런데 진짜 싫었던 건 화내는 아버지가 아니라 그 옆에 계신 엄마였어요. '아버지가 너 먹지 말라신다' 하시며 숟가락을 획 가져가시는 거 있죠. 생각해 보면 화내는 아빠보다 숟가락을 뺏어가는 엄마가 더 얄미웠어요."

우리는 아이에게 행동 대장이 되지 말고 비밀 지원군이 되어야 한다. 아이 혼자 이겨내기 어려운 상황이라면 방법을 찾아주고 좋은 결과를 만들 수 있도록 기꺼이 도와주자.

과격한 행동을 보일 때 어떻게 할까?

"여기 엄마가 서있는 곳까지만 공을 살살 던져볼래?"

"이건 살짝 던지는 거고, 이건 세게 던지는 거야. 차이가 느껴지지?"

유난히 힘이 세거나 발달이 빠른 아이를 둔 양육자들은 모두 같은 고민을 갖고 있다. 바로 아이의 행동이 본의 아니게 거칠거나 과격하게 표출될 때 어떻게 대처해야 하는지이다. 또래와 모여 생활할 때 여느 아이들과 다를 바 없이 그저 자신의 요구를 표현했을 뿐인데 상대 아이를 거칠게 밀친 꼴이 되거나 물건을 거칠게 뺏은 것처럼 연출되기도 한다. 아이들과 함께 서있을 때는 눈에 띄게 키가 크고 몸집이 남달라 상급생처럼 보이기도 한다. 아직 마음은 어린아이인데 말이다. 양육자 입장에서는 아이의 마음이 너무나도 이해되지만 힘이 센 것도 사실이니 상대 아이가 당한 불편을 무시할 수도 없는 노릇이다. 이럴 때는 아이가 자신의 힘을 인지하고 조절하는 법을 가정에서 가르쳐주는 것이 중요하다.

(가정에서 할 수 있는 힘 조절 연습)

첫 번째로 안전한 환경에서 아이가 자신의 힘을 인지할 시간을 가져보자. 주위에 사람이 없는 안전한 환경, 바로 집에서 아이가 힘을 발휘해보고 인지하도록 도와주자. 세게 공을 던지거나 어른들과 팔씨름을 해볼 수 있다. 이때 또래들은 대부분 어느 정도의 힘을 발휘할 수 있는지 아이에게 알려준다. 친구들에 비해 아이의 힘이 세다는 사실을 인지할 수 있도록 설명해 주는 것이다. 덧붙여 다른 사람보다 더 큰 능력을 가졌을 때는 그것을 잘 사용하는 것이 아주 중요하다는 사실도 알려줄 수 있다.

두 번째는 힘 조절하는 연습을 해보는 것이다. 아이가 또래 집단과 즐겁게 놀다가 흥분한 상태에서 갑자기 자신의 힘을 조절하는 것은 쉽지 않다. 힘 조절 방법을 모르는 상태에서 누군가 다쳐서 혼나거나 사과해야 한다면 아이는 자신의 힘을 부끄럽게 여길 수 있다. 또 놀이에 집중하지 못하고 소극적인 태도로 임할 수도 있다. 그러므로 아이에게는 연습이 필요하다. 공을 던질 때 힘을 100퍼센트 사용하지 않고 50퍼센트만 사용하는 연습을 하며 아이가 성공했을 때는 포인트를 적립해 주는 놀이를 해보자. 또 손바닥을 밀치는 놀이를 할 때도 세게 미는 힘과 중간 정도의 힘을 아이가 직접 비교할 수 있도록 한다. 양육자와 할 때는 "세게!"라고 표현해 주고 대상이 친구로 바뀌었을 때를 가장하여 "변신!"이라고 말하며 아이가 약하게 밀치도록 놀이를 진행해 주면 된다. 이렇게 힘 조절을 연습하는 것이 중요하다.

세 번째는 아이를 인정해 주는 것이다. 힘이 센 아이의 있는 그대로를 인정해 주자. 힘이 세거나 키가 큰 것, 어떤 순간 자신도 모르게 생각보다 큰 힘이 발휘되는 것 자체는 나쁜 일은 아니다. 아이가 힘을 발휘해야 하는 순간을 구분할 줄만 알면 더없이 좋은 강점이다. 아이가 힘 조절을 연습할 때 노력하는 과정들을 인정해 주고, 조절을 잘해냈을 때는 아낌없이 칭찬해 주자. 이런 과정을 통해 아이가 자기 스스로에 대한 인지, 즉 건강한 메타인지를 할 수 있게 도와주면 된다.

한번 상상해 보자. 나는 긍정적인 표현들로 아이에게 이야기하고, 아이는 자신의 생각을 초롱초롱한 눈빛으로 말한다. 함께 장난을 치다가도 꼭 해야 할 일은 한 팀이 되어서 해나간다. 아직 어린아이지만 어떨 때는 둘도 없는 친구 같기도 하다. 서로가 서로에게 힘이 되고 배우며 뿌듯함이 전해진다. 이게 우리가 그리는 육아의 모습이다.

육아는 양육자와 아이가 서로를 단단하게 만들고 즐겁게 삶을 확장시키는 경험이다. 몸이 고될 수는 있지만 늘 마음은 가득 차는 것이 육아다. 나는 육아가 전쟁이 되어서는 안 된다고 늘 강조한다. 만약 육아가 계속 엉키는 실타래 같고 끝이 보이지 않는 전쟁같이 느껴진다면 무슨 수를 써서라도 해결 방법을 찾아야 한다는 신호다. 전문가의 도움을 받거나 과감하게 변화할 각오와 노력이 필요하다.

대부분의 육아 전쟁 최전방에는 날카로운 말들이 서로를 찌르고 있다. 한 문장, 한 문장 아이에게 말해줄 때마다 아이 내면에 양분을 부어준다고 생각해 보자. 3~7세까지 좋은 표현을 많이 듣고 학습한 아이는 8세가 되어 본격적인 사회생활을 시작할 때 건강한 자존감과 자기 주도성을 토대로 반짝거리는 모습을 보인다.

"그래도 말을 안 들으면 어떻게 해요?"

"아무리 해도 안 되면 어떻게 해요?"

많은 양육자들이 최악의 상황들을 예시로 들며 이럴 때도 좋은 표현을 쓸 수 있느냐고 묻는다. 내 대답은 늘 같다. 좋은 표현을 쌓아주는 시간이 필요하다. 그러다 보면 어느 날 손발이 척척 맞는 날을 만난다. 편안한 마음을 가지는 것도 중요하다. 자신감을 갖고 자신이 옳다고 생각하는 것을 지켜나가자. 일상에서 한두 번이라도 더 좋은 표현을 사용한다면 그것만으로 훌륭하다고, 참 좋다고 응원하고 싶다.

가끔 삐걱거리는 날도 있고 화가 잔뜩 난 말투로 아이와 대치하는 날도 있다. 그런 날은 그런 대로 넘어가자. 거기에 머물러 심하게 자책하거나 포기하지만 않으면 된다. 우리에게는 늘 내일이 있다. 아이와 그 일에 대해 다시 부드럽게 이야기해 볼 수 있다. 아니면 책의 전혀 다른 페이지를 펴는 것처럼 새로운 부분부터 시작해 봐도 좋다. 육아는 길지 않은가.

이 책이 흔들리는 양육자들의 방향을 잡는 데 도움이 되었으면 한다. 또 아이에게 좋은 양분이 되는 말이 어떤 것인지 알려주는 친절한 안내서가 되기를 바란다.

요약 노트

" 3~7세 아이 맞춤 대화 스크립트 "

부정 표현을 긍정 표현으로 바꾸기

높이 있는 물건에 손을 댈 때

- 아~ 그걸 혼자 잡아보려고 하는 거야? 대단한데!
- 오~ 거기까지 손을 뻗을 수 있는 거야? 멋진데!
- 깨질 수도 있으니까 우리 같이 꺼내볼까?

기다림이 필요할 때

- 10분이면 설거지가 끝날 것 같아. 자동차 퍼즐을 맞추고 있으면 어때? 설거지 끝나고 보러 갈게.
- 엄마는 밥을 다 안 먹었거든. 색칠놀이 두 장만 하고 있을까?

손을 씻어야 할 때

- 아 맞다! 손부터 씻어야지.
- 아~ 우리 손 씻는 거 깜빡할 뻔했네?

다음 일정으로 넘어갈 때

- 큰 바늘이 8에 가면 장난감을 정리하고 잘 준비할 거야.
- 지금 하는 블록 놀이는 딱 10분만 더 하고 책 읽을 거야. 엄마는 먼저 간식 준비하고 있을게.

같은 말을 계속 반복할 때

- 목마르구나. 지금 물이 없는데 어쩌지? 에구구.
- 계속 같은 말을 하니 나도 화가 날 것 같네. 그만하고 기다리면 좋겠어.

버릇없는 행동을 보일 때

- 지금 숟가락을 던지는 거야? 이런 행동은 하면 안 돼. 나를 봐봐.
- 아니야, 뚝 그치고 바르게 앉아! 밥부터 먹을 거야. 울음 그치는 거 엄마가 도와줘야 하면 알려줘.

아이가 잘하지 못하는 부분을 이야기할 때

- 엄마 생각에는 ○○(이)가 부끄러워서 그러는 것 같더라.
- 아직은 쑥스러워하는 것 같은데 요즘 점점 노력하고 있어서 잘할 거예요.
- 브로콜리 싫어했었는데 오늘은 한번 먹어볼래?

안 하던 행동을 보여줬을 때

- 오~ 울지 않고 멋지게 집으로 가니 너무 좋다. 정말 씩씩해졌구나.
- 야채도 먹어보는 거야? 너무 훌륭해. 한 번씩 이렇게 도전하니까 정말 좋다. 더 튼튼해질 것 같은데?
- 이렇게 하니까 아빠가 힘이 안 들고 너무 편하네. 정말 고마워.

똑바로 인사를 안 할 때

- 아빠가 인사하는 거 봤어? 멋지지?
- 이렇게 인사하면 돼. 어렵지 않지? ○○(이)도 좀 더 씩씩해지면 할 수 있을 거야!

양육자의 권유를 무시할 때

- 이제 차를 타고 1시간 정도 가야 하는데, 출발하기 전에 뭐 필요한 거 없을까?
- 물 마시기, 손 씻기, 화장실 가기, 차에서 먹을 간식 챙기기 중에 지금 필요한 게 있으면 하고 나서 차에 타자.

아이에게 반드시 전해줘야 할 긍정 표현

기대를 담은 말

- 음… 이거 혼자서도 할 수 있겠어?
- 이렇게 조금 돌려주면 혼자 컵에 따라볼 수 있을까?

아이의 머릿속에 생각할 공간을 만드는 말

- 음~ 어떻게 하면 좋을까?
- 한번 생각해 보자.
- 코 자려면 이제 뭐부터 하면 좋을까?

다양한 칭찬의 말

- 와~ 다시 생각해도 아까 ○○(이)가 정리 정돈 다 한 거 너무 멋있는 것 같아!
- 와~ 블록 자리가 여기인 거 언제부터 알고 있었어?
- 할머니, 어제 ○○(이)가 장난감 정리 혼자 다 한 거 아세요? 대단하죠?

감정 공유의 말

- 엄마는 아까 속상한 마음이었어.
- 아빠가 오늘 피곤한 일이 있었는데 00(이)가 안아주니 힘이 번쩍 나.
- 사실 난 아까 ○○(이)가 무슨 마음인지 잘 몰랐어.

친구가 되는 말

- 내가, 내가 할래!
- 나도 나도! 나도 먹어보고 싶어.
- 우와~ 이거 멋지다! 나도 한번 해봐도 돼?

깊은 사랑을 전하는 말

- 어머, 나 너를 너무 사랑하나 봐. 어떡해?
- 오늘은 어제보다 ○○(이)를 사랑하는 것 같은데 어떡하지?
- 와~ 오늘 ○○(이) 진짜 멋졌어. 큰일 났어! 점점 너를 더 사랑하게 되는데 어쩌면 좋아?

즐거운 기상을 만드는 말

- 굿모닝~ 아 맞다! 우리 오늘 유치원 갈 때 뭐 챙기려고 했었지?
- 오늘 아침에 빵 먹기로 했었나? 밥 먹는다고 했었나? 어제 뭘로 정했었지? 일단 빵으로 준비한다!
- 오늘 선생님이 원복 입으라고 했었나? 나는 자꾸 깜빡하네. 오늘 체육 시간이 있나?

주도성을 키워주는 말

- 옷부터 갈아입을까? 손부터 씻을까?
- 빨간 점퍼랑 파란 코트 중에 어떤 걸 입을지 골라줄래?
- 집에 오면 옷부터 갈아입기로 한 거 기억나지? 그럼 옷을 갈아입고 나서 뭐부터 할지 ○○(이)가 정해봐. 정한 순서대로 해보자.

우리만 아는 말

- 레드! 레드!
- 아침엔 두 배속 슈퍼 카 모드로! 슈웅~

구체적인 생각을 키우는 말

- 바나나의 어떤 부분이 마음에 들었어?
- 체육 시간에는 어떤 게 좋았어?

다양한 육아 상황에서 쓸 수 있는 표현

자꾸 떼쓰는 아이에게 화가 날 때

- 계속 떼쓰면 나도 화가 날 것 같은데.
- 이제 그만 멈추지 않으면 나도 화를 낼 거야. 뚝 그칠 수 있게 손 잡아줄까?

아이가 떼쓰다 멈췄을 때

- 그래, 그렇게 눈물 뚝 그친 거 정말 잘했어.
- 고집 피우던 것을 멈춘 모습 진짜 멋졌어. 안아줄게.

긴 외출을 끝내고 집으로 귀가할 때

- 이제 차에 거의 다 왔으니 서로 조금씩만 힘내자.
- 그래도 오늘 진짜 좋은 하루였다. 그치?
- 오늘은 뭐가 안 맞네. 그래도 이제 집에 갈 거니까 서로 조금씩만 힘내자. 오늘도 좋은 하루였어. 그치?

아이가 유치원에서 집으로 돌아왔을 때

- 오늘 체육 시간이에는 뭐가 재미있었어?
- 친구들이랑 바람개비를 돌리는 사진을 봤어. 바람개비를 직접 만든거야?

떨어져 있다가 다시 만났을 때

- 오늘 하루도 씩씩하게 지냈어? 엄마는 하루 종일 바빴는데 ○○(이)를 보니까 이제 마음이 편안해진다. 우리 이제 뭐부터 할까?

유치원에서 있었던 일을 말할 때

- 오늘 선생님이 엄마들한테 전화하는 날이었거든. 요즘 유치원에서 엄청 크게 발표를 잘한다며? 너무 멋진데!

아이와의 장거리 여행이 두려울 때

- 자! 일단 기차역까지 가야 해. 기차역에 도착하면 도넛을 하나씩 먹자. 알겠지? 출발!
- 다음은 기차 타기입니다! 우리 기차에서 색칠공부 같이 할까?

아이가 원하는 것과 해야 할 일이 다를 때

- 그렇지만 먹어야 해. 밥을 잘 먹어야 건강해지지.
- 그래도 유치원은 가야 하는 거야. 빠지지 않고 가는 건 중요한 거란다.

양치와 목욕을 싫어할 때

- 오늘은 어떤 치약을 써볼까?
- 누가 누가 더 깨끗이 씻나 시합해 보자!

친구와 놀다가 행동이 과격해질 때

- 친구야, 너무 세게 밀어서 미안해. 괜찮아지면 다시 같이 놀자. 우리 같이 젤리 먹을까?
- 아이고, 친구가 깜짝 놀랐나 봐. 미안하다고 말해주고 괜찮아지면 다시 같이 놀자.

아이를 현실에 적극적으로 참여시키는 말

- 밥 먹을 시간이네. ○○(이)는 어떤 걸 준비할래?
- 다 접은 양말은 안방으로 옮겨줄 수 있어?

존중을 바탕으로 한 말

- 내가 도와줘도 될까?
- 도움이 필요하면 알려줘.

큰 그림을 알려주는 말

- 내일 할머니 오셔서 같이 밥 먹기로 했는데 밥 먹고 나서 뭐 하면 좋을까?
- 내일 유치원에서 소풍 가지? 입을 거랑 필요한 거 말해주면 같이 챙겨볼게.

생각하는 아이로 만드는 말

- 와! 어떻게 그런 생각을 했어?
- 다 같이 생각해 보자.

스스로 하도록 돕는 말

- 너는 뭐뭐 하면 돼?
- 엄마가 챙겨줘야 하는 게 있으면 미리 말해줘.

즐겁게 행동하도록 이끄는 말

- 우리 다 하고 신발장 앞에서 만나!
- 누가 먼저 정리하는지 시합할까?

보상에 의존하지 않는 말

- 숙제하자. 그리고 아이스크림 사 먹으러 가자.
- 아빠 올 때까지 잘 기다려줘. 그리고 놀이터 가서 놀자.

이해력을 높이는 말

- 이 그림 봐봐. 아빠가 설명해 줄게.
- 아~ 그게 왜 그렇게 되는 거냐면~

자존감을 높여주는 말

- ○○(이)는 정말 그걸 잘한다니까~
- 이런 점 때문에 ○○(이)랑 같이 다니는 건 너무 즐거워.

분리 시간을 알려주는 말

- 이제 저녁 준비해야 하는데, 계란 깨트리는 거 OO(이)가 할래? 아니면 놀면서 기다릴래?
- 잘 있었어? 같이 간식 먹고 신나게 놀까? OO(이)랑 놀이 타임 먼저 하고 나서 아빠는 식사 준비를 할게.

행복한 아이로 키우는 말

- 와~ 이것 봐봐. 이런 게 있었네!
- 그래서 어떻게 된 거야?

놀이터에서 떨어져 있을 때

- 오늘은 엄마가 할 일이 있어서 ○○(이)가 노는 동안 저기 앉아있을게. 필요한 것이 있을 때는 언제든지 엄마한테 와. 알겠지?

상처를 준 것 같을 때

- 어제 너와 그런 일이 있고 나서 마음이 너무 안 좋았어.아무리 화가 나도 그렇게 말하면 안 되는 거였는데, 어제는 아빠도 너무 화가 나서 참아지지가 않았어. 크게 소리 지르고 화내서 진심으로 미안해. 사과할게. 아빠 용서해 줄 수 있어?

아이의 비밀 지원군이 되어줄 때

- 우리 잘 준비 다 하고 예쁘게 엄마한테 한 번 더 부탁해 보자? 대신 약속 꼭 지켜야 돼. 딱 10분만 놀고 자는 거야. 할 수 있겠어?

힘을 조절하는 방법을 알려줄 때

- 여기 엄마가 서있는 곳까지만 공을 살살 던져볼래?
- 이건 살짝 던지는 거고, 이건 세게 던지는 거야. 차이가 느껴지지?

상황의 함정에 빠지지 않는 육아 소통법 47

한 문장 육아의 기적

1판 1쇄 발행 2024년 5월 15일
1판 2쇄 발행 2024년 5월 22일

지은이 이유정
펴낸이 고병욱

펴낸곳 청림출판(주)
등록 제2023-000081호

본사 04799 서울시 성동구 아차산로17길 49 1009, 1010호 청림출판(주)
제2사옥 10881 경기도 파주시 회동길 173 청림아트스페이스
전화 02-546-4341 **팩스** 02-546-8053

홈페이지 www.chungrim.com **이메일** life@chungrim.com
인스타그램 @ch_daily_mom **블로그** blog.naver.com/chungrimlife
페이스북 www.facebook.com/chungrimlife

ISBN 979-11-93842-03-4 03590

※ 청림Life는 청림출판(주)의 논픽션·실용도서 전문 브랜드입니다.